计算机类技能型理实一体化新形态系列

U0723009

生成式人工智能

应用与实践

主　编　岳宗辉　郑桂昌
副主编　赵建伟　李　滨
　　　　张玲玲　李　爽

清华大学出版社
北京

内 容 简 介

本书通过项目任务式的编写方式,介绍生成式人工智能的基本原理、核心技术以及其在多个领域的广泛应用。本书精心设计了八个项目,涵盖生成式人工智能在智能家居、个性化推荐、生活应用、办公软件、智能助手、稿件撰写、代码自动生成、图像处理、音频处理、视频处理以及数字人等多个领域的应用。通过丰富的实践案例,读者不仅能够了解生成式人工智能在实际生活中的广泛应用和巨大潜力,还能应用生成式人工智能技术解决学习、工作、生活中的问题,提高效率。

本书可以作为高等教育本科、专科院校的教材,也可供广大生成式人工智能爱好者学习使用。

图书在版编目(CIP)数据

生成式人工智能应用与实践 / 岳宗辉,郑桂昌主编.
北京 : 清华大学出版社,2025.7. -- (计算机类技能型
理实一体化新形态系列). -- ISBN 978-7-302-69819-7

Ⅰ. TP18

中国国家版本馆 CIP 数据核字第 2025HL0619 号

责任编辑:颜廷芳
封面设计:刘代书 钟明哲
责任校对:刘 静
责任印制:丛怀宇

出版发行:清华大学出版社
网   址:https://www.tup.com.cn,https://www.wqxuetang.com
地   址:北京清华大学学研大厦 A 座   邮   编:100084
社 总 机:010-83470000   邮   购:010-62786544
投稿与读者服务:010-62776969,c-service@tup.tsinghua.edu.cn
质量反馈:010-62772015,zhiliang@tup.tsinghua.edu.cn
课件下载:https://www.tup.com.cn,010-83470410
印 装 者:三河市龙大印装有限公司
经   销:全国新华书店
开   本:185mm×260mm   印   张:10.75   字   数:259 千字
版   次:2025 年 9 月第 1 版   印   次:2025 年 9 月第 1 次印刷
定   价:49.00 元

产品编号:109971-01

前　言

在科技飞速发展的今天,生成式人工智能(Generative Artificial Intelligence)作为人工智能(Artificial Intelligence,AI)领域的一颗璀璨明珠,正以前所未有的速度重塑我们的生活方式与工作方式。从智能家居的个性化服务,到文学与艺术创作的新突破;从软件开发的自动化变革,到音、视频处理的创新应用——生成式人工智能以其独特的创造力和广泛的适应性,展现出无限潜能和广阔前景。在这一进程中,DeepSeek 的诞生具有里程碑意义。作为中国自主研发的生成式人工智能技术,DeepSeek 不仅打破了美国在人工智能领域的技术垄断,还通过开源模式推动了全球人工智能技术的普惠发展,让更多人能够平等地获取和使用先进技术。这一突破不仅彰显了中国在人工智能领域的创新实力,也显著增强了公众的技术自信与文化自信。鉴于此,特编写本书,旨在为读者提供一个全面、深入且实用的学习指南,帮助读者系统了解生成式人工智能的基本原理、核心技术及其应用。

本书具有如下特色。

(1)项目任务式学习:每个项目均围绕具体任务展开,理论与实践紧密结合,可以增强读者学习的针对性和实用性。

(2)跨学科融合:覆盖从生活娱乐到专业软件开发等多个领域,读者可以了解生成式人工智能的广泛应用领域。

(3)实战导向:提供丰富的实践案例,可以帮助读者快速掌握生成式人工智能的应用技能。

(4)智能学习:针对每个任务配备了智能学习交互助手,读者可以通过智能对话的方式进行深入学习,提升学习效率。

本书旨在通过一系列精心设计的项目任务,全面而深入地介绍生成式人工智能的基本原理、核心技术及其在多个领域的应用实践。全书共分为八个项目,每个项目围绕几个典型应用案例展开,从理论讲解到实践操作,逐步引导读者掌握生成式人工智能的核心内容。

项目一:生成式人工智能介绍。本项目介绍了生成式人工智能的概念、工作流程、常见技术、典型应用平台。

项目二:生成式人工智能在生活中的应用。本项目介绍了生成式人工智能在生成个性化菜谱、生成装饰画、创作节日祝贺视频、提供旅行建议等方面的应用。

项目三:生成式人工智能在办公中的应用。本项目介绍了生成式人工智能在生成报告摘要、创建营销海报、处理 Excel 表格数据、生成 PPT、助力课堂教学等方面的应用。

项目四:生成式人工智能在写作中的应用。本项目介绍了生成式人工智能在生成演讲稿、生成散文、生成广告文案、阅读文件、生成调研报告等方面的应用。

项目五：生成式人工智能在软件开发中的应用。本项目介绍了生成式人工智能在编写数据统计代码、编写前端登录页面、编写采集豆瓣读书网图书信息的代码等方面的应用。

项目六：生成式人工智能在图像处理中的应用。本项目介绍了生成式人工智能在图像超分辨率增强、创意生成等方面的应用。

项目七：生成式人工智能在音频处理中的应用。本项目介绍了生成式人工智能在语音合成、语音生成PPT、语音生成思维导图等方面的应用。

项目八：生成式人工智能在视频处理中的应用。本项目介绍了生成式人工智能在生成智能宣传片、生成短视频、数字人应用等方面的应用。

本书由岳宗辉、郑桂昌担任主编,赵建伟、李滨、张玲玲、李爽担任副主编。本书在编写过程中,得到了东软教育科技集团的大力支持,在此表示感谢。虽然编者力求完美,但不足之处在所难免,请各位读者批评指正。

编　者

2025 年 5 月

目　录

生成式人工智能介绍

人工智能正站在技术革新的前沿,引领我们进入一个充满创造力和可能性的新时代。在人工智能的发展历程中,生成式人工智能代表了一种质的飞跃——它不再局限于分析和识别现有数据,而是能够自主生成与人类创作相媲美的新颖内容。这种技术的进步不仅扩大了人工智能的应用范围,也革新了我们的工作、生活和娱乐方式。

生成式人工智能的核心在于其创造性和自主性,它基于深度学习,通过学习大量数据中的模式和结构来生成新的内容。从图像到文本,从音频到代码,生成式人工智能的应用案例层出不穷,不断刷新我们对机器创造力的认知。例如,DALL-E 在图像生成领域所展示的惊人成果,Copilot 在编程领域的辅助能力,ChatGPT 在文本生成和对话交流中的表现,都是 AIGC(Artificial Intelligence Generated Content,人工智能生成内容)技术实力的体现。国内相继涌现了一批优秀的 AIGC 大模型,如 CSDN 的"C 知道"、百度的"文心一言"、阿里巴巴的"通义"、360 的"智脑"、字节跳动的"豆包"以及深度求索的 DeepSeek。其中,DeepSeek 的出现尤为引人注目。作为中国新兴的人工智能力量,DeepSeek 的国际影响力非常显著,它不仅打破了美国在 AI 领域的技术垄断,还通过开源模式推动了全球 AI 技术的普惠发展。凭借低成本和高性能的优势,DeepSeek 在全球市场中展现出了强大的竞争力,吸引了众多国际企业和科研机构的关注与合作,其技术创新也促使全球产业链进行了重构,为国际合作带来了新的契机。DeepSeek 的崛起不仅提升了中国在全球 AI 领域的竞争力,还为全球科技合作和产业发展带来了新的机遇与挑战。

随着技术的不断进步,生成式人工智能正在迅速发展,吸引了众多国内外公司和组织的关注。这些参与者的积极投入推动了生成式人工智能技术的创新和应用,使其在艺术创作、编程辅助、个性化服务等多个领域展现出巨大的潜力。

生成式人工智能的发展也伴随着挑战和问题,如版权、伦理和隐私保护等,需要我们在享受技术红利的同时,也对其进行审慎的思考和规范的使用。本项目将带您深入了解生成式人工智能的发展历程、技术原理、应用领域以及面临的挑战,共同探索这一创造性技术是如何重塑我们的世界的。

学习目标

(1)掌握生成式人工智能的概念。

(2)了解生成式人工智能的发展历程。

（3）了解生成式人工智能的常见技术。

（4）了解生成式人工智能的典型应用平台。

任务 1.1　生成式人工智能的概念

生成式人工智能是一种能够创建新数据样本的人工智能技术。这些样本可以是文本、图像，也可以是音频、视频等形式，它们既源于训练数据又超越了原始数据的范畴。与传统的人工智能相比，生成式人工智能更侧重于模拟人类的创造力，通过学习数据的潜在结构来生成新颖的内容。了解这些基本概念有助于我们认识生成式人工智能在推动技术创新、提升用户体验和开拓新业务模式方面的巨大潜力。同时，这也为我们提供了必要的背景知识，以便在面对由该技术引发的伦理、隐私和法律等问题时，能够做出更为明智的决策。简言之，掌握生成式人工智能的基础知识对于推动其负责任地发展和应用至关重要。

任务 1.1
学习助手

本任务是掌握生成式人工智能的基本概念，包括其定义、发展历程以及与传统人工智能的区别。

1.1.1　生成式人工智能的定义

生成式人工智能是一种基于算法、模型和规则生成各类内容的技术，这些内容包括但不限于文本、图像、音频、视频和代码等。这类技术能够针对用户需求，依托事先训练好的多模态基础大模型等，利用用户输入的相关资料，生成具有一定逻辑性和连贯性的内容。与传统人工智能不同，生成式人工智能不仅可以处理输入数据，而且能学习和模拟事物内在规律，自主创造出新内容。生成式人工智能生成图像如图 1.1 所示。

生成式人工智能主要基于深度学习和神经网络技术，通过学习大量的数据和模式来生

图 1.1　生成式人工智能生成图像

成新的内容。其中，最具代表性的生成式人工智能模型就是生成对抗网络（Generative Adversarial Network，GAN）。GAN 由一个生成器网络和一个判别器网络组成，它们相互竞争并共同进步，以产生逼真的生成样本。

生成式人工智能在多个领域都有应用，如图像生成、文本生成、音频生成等。例如，在图像生成方面，生成式人工智能可以学习大量真实图像数据的分布特征，并生成具有相似特征的新图像；在文本生成方面，生成式人工智能可以学习文本数据的语义和语法结构，并生成具有连贯性和多样性的新文本。

1.1.2　生成式人工智能发展历程

生成式人工智能从早期的概念到现代高度复杂的应用，这一领域经历了几个重要的阶段。生成式人工智能发展历程如图 1.2 所示。

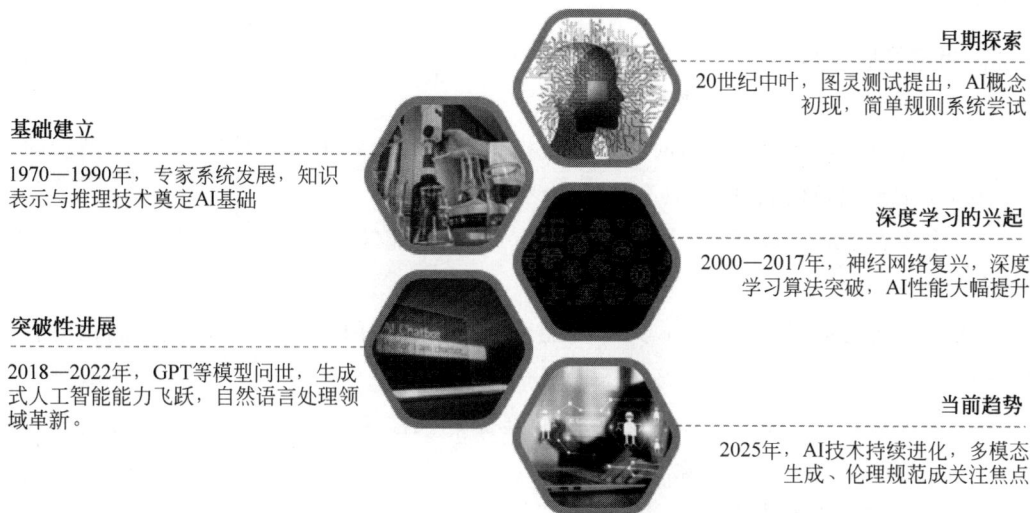

图 1.2　生成式人工智能发展历程

早期探索

20世纪中叶，图灵测试提出，AI概念初现，简单规则系统尝试

基础建立

1970—1990年，专家系统发展，知识表示与推理技术奠定AI基础

深度学习的兴起

2000—2017年，神经网络复兴，深度学习算法突破，AI性能大幅提升

突破性进展

2018—2022年，GPT等模型问世，生成式人工智能能力飞跃，自然语言处理领域革新。

当前趋势

2025年，AI技术持续进化，多模态生成、伦理规范成关注焦点

1. 早期探索（20 世纪中叶）

生成式人工智能的起源可以追溯到 20 世纪中叶，艾伦·麦席森·图灵（Alan Mathison Turing）提出了著名的图灵测试，这是评估机器是否具备人类智能的一种方法。

20 世纪 60 年代，约瑟夫·魏岑鲍姆（Joseph Weizenbaum）开发了 ELIZA，这是最早的自然语言处理程序之一，能够模拟心理治疗师的角色。

2. 基础建立（1970—1990 年）

这一时期的人工智能研究主要集中在符号主义和连接主义两种不同的范式上。虽然生成式人工智能不是当时的主流，但是相关技术如神经网络的研究为后来的发展奠定了基础。

3. 深度学习的兴起（2000—2017 年）

21 世纪初，随着计算能力的提升和大数据可用性的增加，深度学习开始兴起。深度学习技术为生成式人工智能提供了强大的工具。

2014 年，伊恩·古德费罗（Ian Goodfellow）等提出了生成对抗网络，这是一种用于生成新数据样本的神经网络架构，极大地推动了生成式人工智能的发展。

2017 年，Google 的研究人员提出了 Transformer 模型，这是一种基于注意力机制的序列到序列模型，极大地提高了序列生成任务的效率和质量。

4. 突破性进展（2018—2022 年）

2018 年，OpenAI 发布了 GPT（Generative Pre-trained Transformer）模型，这是一个预训练语言模型，能够生成高质量的文本。随后的版本 GPT-2、GPT-3 进一步提升了性能。

2022 年年末，OpenAI 推出了 ChatGPT，这是一个对话式的生成模型，能够进行高质量的对话交互，标志着生成式人工智能在文本生成领域取得了显著进展。

随着技术的进步，生成式人工智能被应用于多个领域，如图像生成、视频制作、音乐创

作、药物发现等。

5. 当前发展（2025 年）

当前生成式人工智能的发展趋势如下。

（1）大规模预训练模型。当前的趋势是构建更大规模的预训练模型，这些模型能够在各种任务上展现出色的表现，且具有更强的泛化能力。

（2）多模态生成。多模态生成是研究热点，即模型能够处理多种类型的数据，如文本、图像和音频的组合。

（3）个性化与定制化。生成式人工智能正越来越多地用于个性化推荐、定制化内容创建等领域。

（4）伦理与安全。随着技术的发展，人们越来越关注生成式人工智能的伦理问题和社会影响，包括隐私保护、偏见消除等方面。

当前生成式人工智能相关概念如下。

PGC（专业生成内容）：新闻报道、电影、电视节目、专业文章、学术论文等。

UGC（用户生成内容）：社交媒体上的帖子、评论、博客文章、用户上传的视频照片。

AIAGC（人工智能辅助生成内容）：自动校对工具、智能写作助手、PS 中的 AI 滤镜等。

AIGC（人工智能生成内容）：ChatGPT 生成的文本、DALL-E 生成的图像、生成对抗网络生成的视频等。

1.1.3　生成式人工智能与传统人工智能

传统人工智能常被称作"基于规则的人工智能"或"判别式人工智能"，其运作依赖于事先设定的规则和庞大的数据集。传统人工智能的核心原理是利用丰富的数据资源对模型进行训练，使其能够辨识并捕捉数据中的关键特征，并依据这些特征执行任务分类或预测。传统人工智能涵盖了一系列机器学习技术，包括决策树、支持向量机（Support Vector Machine，SVM）、逻辑回归等算法。以图像识别为例，如果要训练一个传统人工智能系统来区分猫和狗，就需要向系统提供大量已经标记好的猫狗图片。系统将学习这些图片中猫和狗各自的特征，如猫的尖耳朵或狗的圆鼻子，从而实现对图像的准确分类。

判别式人工智能可以基于已有数据作出判断或分类，主要用于分类或识别数据。生成式人工智能可以创造出新颖的输出，这些输出可能是文本、图像、语音、视频甚至是模拟场景等形式。以下是两种人工智能的主要区别。

1. 主要特点

判别式人工智能专注于执行特定任务，如识别或分类，在预定义的规则下工作，无法自主创造新内容。

生成式人工智能能够创造新事物，如文本、图像、音乐和代码，通过学习数据集中的模式来生成新数据。

2．学习过程

判别式人工智能通过收集特定数据集、数据预处理、分割、训练模型、模型评估和优化来学习。

生成式人工智能可以收集数据、预处理、创建训练模型、反向传播和优化、调整数据，并最终生成新内容。

3．功能与应用场景

判别式人工智能主要用于数据分析和预测，如垃圾邮件识别、下国际象棋等。

生成式人工智能用于创造全新的内容，如 GPT-4 生成文本、DeepArt 绘画转换。

4．学习方法

判别式人工智能通常需要标记数据进行控制式学习。

生成式人工智能可以进行不受控制的学习，不需要标记数据进行训练。

5．限制

判别式人工智能受限于具体任务，无法创新原创内容。

生成式人工智能生成的内容可能不够一致或准确，细节不受控。

6．典型应用场景

判别式人工智能的典型应用场景为 Spam Sieve 邮件过滤器、语音助手（Siri、Alexa）、推荐系统（Netflix、亚马逊）、搜索引擎（谷歌）。

生成式人工智能的典型应用场景为 OpenAI 的 GPT-4、DeepArt 绘画转换、创建内容（故事、艺术、音乐）、DeepFake（AI 换脸）。

7．底层技术

判别式人工智能基于特定算法，如决策树、SVM、逻辑回归等。

生成式人工智能基于大型神经网络模型，如 GPT 系列，能够处理非结构化数据并生成内容。

8．未来展望

判别式人工智能继续在特定领域内提高效率和准确性。

生成式人工智能将在内容创造、创新和多个行业中发挥更大的作用。

任务 1.2 生成式人工智能的工作流程

任务 1.2
学习助手

生成式人工智能的工作流程至关重要，因为它贯穿了从模型构建到实际应用的整个过程。通过深入了解这个流程，我们可以更好地把握模型设计与训练的关键步骤，如所需算力、数据质量和算法选择等，这对于确保模型的有效性和可靠性是基础性的。此外，工作流程中的每个环节都可能涉及内容安全、个人信息保护、模型安全及知识产权等问题，这些问题如果处理不当可能会导致严重的法律和社会后果。因此，只有全面理解这些流程和技术背景，我们才能够有效地规避风险，确保技术的健康可持续发展。同时，这也有助于我们利用生成式人工智能的潜力来解决实际问题，提高生产力，并在教育、娱乐、医疗和科研等领域创造出新的可能性。

本任务是掌握大模型构建条件及生成式人工智能的工作流程。

1.2.1　大模型的构建条件

生成式人工智能本质上是一个被用户使用的算法服务,其生命周期包括模型训练、服务上线、内容生成、内容传播四个阶段。该算法服务通常由语言大模型和视觉大模型驱动,离不开算力、数据、算法、生态和人才五个构成条件。因此,要理解和分析生成式人工智能,首先需要对大模型的五个构成条件有所了解。

1. 算力

(1) 训练和运营需求。生成式人工智能需要大量的计算资源来支持其训练和运营。例如,ChatGPT 使用的 Azure 超级计算机包含了 28.5 万个 CPU 核心、1 万个 GPU 和 400Gb/s 的 GPU 间传输带宽。

(2) 算力消耗。在训练阶段,ChatGPT 每天的算力消耗约为 3640P,运行 ChatGPT 需要 7～8 个投资规模 5 亿美元、算力 500P 的数据中心来支撑,每次训练的成本约为 500 万美元。而在运营阶段,仅 GPU 的年投入就需要 7000 万美元。

(3) 高性能硬件。随着算力需求的增长,高性能硬件的研发变得至关重要。英伟达联合多家生成式人工智能企业正共同研发适合此类计算需求的芯片架构和计算引擎。

2. 数据

(1) 数据的重要性。数据被视为知识,是生成式大模型能力提升的关键因素。训练数据集通常包含大量书籍、网络百科全书、论坛和博客等高质量资源。

(2) 数据规模。训练数据集的规模通常接近 8000 亿个分词 token 和上百 TB(数据清洗前)。

(3) 数据质量。为了提升数据集的质量,多数公司会通过外包或众包的方式对数据集进行手动标注。

(4) 数据合规性。数据集来源可能涉及个人信息和国家安全问题,因此需要重视数据合规监管和质量评估。

3. 算法

(1) 技术基础。生成式人工智能基于深度学习技术,涉及统计学、概率论和机器学习等基础知识。

(2) 关键技术。生成式人工智能的主要技术包括 Transformer 神经网络模型、基于人类反馈的强化学习(Reinforcement Learning from Human Feedback,RLHF)、零样本学习(Zero-Shot Learning)和提示学习(Prompt Learning)等。

(3) 未来趋势。未来生成式大模型将朝着支持多模态(图像、文本、语音、视频)的方向发展,具备更广泛的应用能力和"基础设施"式的属性。

4. 生态

(1) 开放 API。谷歌、微软等公司将生成式人工智能成果通过 API 开放给用户调用,并鼓励二次开发。

(2) 迭代生态。大模型借助用户反馈进行优化,依托 GitHub 等开源社区促进版本更新,形成了良好的双向迭代生态。

（3）产业化进程。大模型有效解决了应用碎片化等问题，降低了应用门槛，促进了人工智能技术的产业化进程。

5．人才

（1）跨学科要求。生成式人工智能需要多学科背景的专业人士，包括风险投资、人工智能、航空航天和自动驾驶等领域的专家。

（2）团队组成。以 OpenAI 为例，核心团队由来自全球顶尖高校和知名企业的 90 位成员组成。

（3）资金投入。微软在 2019 年向 OpenAI 投资 10 亿美元，并在 2023 年 1 月追加了 100 亿美元的投资，用于研究团队的扩充和技术基础设施的建设。

1.2.2　生成式人工智能的工作流程

生成式人工智能的基本原理是使用概率模型或神经网络模型，将已有数据的结构和规律学习到模型中，并基于这些结构和规律生成新的数据。生成式人工智能的工作流程如下。

1．采集数据

与传统人工智能项目一样，生成式人工智能工作的第一步是采集数据。对于 GPT 模型来说，其数据由大量文本组成。例如，GPT-4 就是通过互联网上数 GB 的文本进行训练的。

2．预处理数据

数据预处理即对数据进行清洗，并将其转换为模型可以理解的格式。

3．模型训练

用大量预处理后的数据来训练生成式人工智能模型。在训练过程中，生成式人工智能模型会学习输入数据的概率分布和结构，这些数据可以是文本、图像、音频或视频等。

4．模型选择

模型训练完成后，需要选择合适的模型来生成新的数据。不同类型的数据需要选择不同的模型来生成，如自然语言文本可以使用 RNN 或 LSTM 模型来生成，图像可以使用 GAN、VAE、分布式可逆变换模型或扩散模型来生成，如图 1.3 所示。

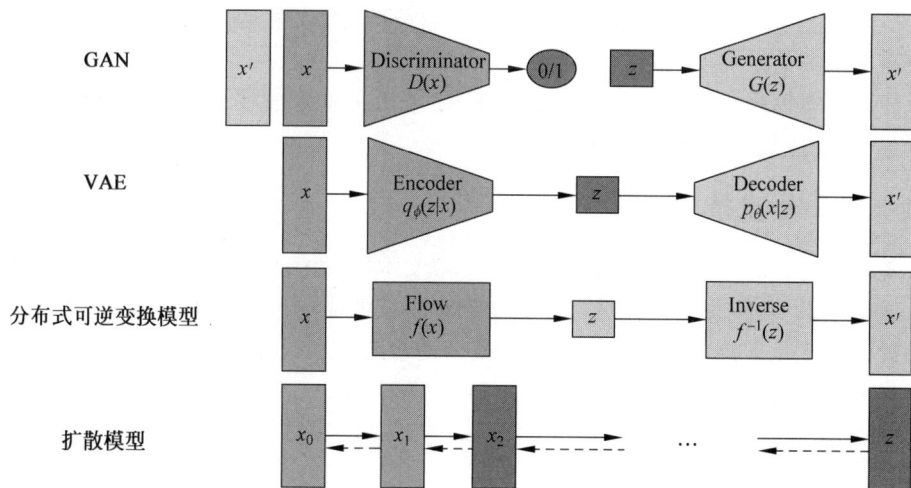

图 1.3　不同类型的生成式模型比较

5. 生成数据

一旦选择好合适的模型,就可以使用该模型来生成新的数据。生成新数据的方式通常是随机采样或条件采样。随机采样是指从模型学习到的数据分布中随机抽样生成新的数据,而条件采样是指在输入一些条件的情况下,从模型学习到的条件分布中采样生成新的数据。

6. 评估生成结果

为达到预期标准,生成的数据需要经过评估。这种评估既可以通过客观度量标准来进行,也可以依赖于人类的主观判断。例如,对于文本,可以检查其语法正确性、逻辑连贯性和意义合理性;对于图像,则可以评价其视觉质量和逼真度。

7. 调整模型

根据评估的结果,可以对模型进行调整和改进,以进一步提高生成数据的质量。例如,增加更多的训练数据,微调模型参数或改进模型架构等。

任务 1.3 生成式人工智能的常见技术

任务 1.3
学习助手

学习生成式人工智能技术,如文本、语音、图像、视频以及多模态生成技术,对于现代社会的发展具有深远的意义。这些技术不仅推动了信息技术领域的创新,还深刻影响着人们的日常生活和社会经济的多个方面。文本生成技术可以自动化创建高质量的书面内容,从文章撰写到代码编写,再到创意写作,极大地提高了内容生产的效率和多样性;语音生成技术则让机器拥有了更加人性化的交流方式,无论是智能助手还是自动化的客户服务,都因之变得更加自然流畅,提升了用户体验;图像生成技术的应用领域广泛,从艺术创作到医学影像分析,再到虚拟现实中的环境构建,都在不断地拓展着人类的视觉边界;视频生成技术更是将这种创造性推向了一个新的高度,通过合成逼真的视频内容,不仅为娱乐和媒体行业注入了新的活力,也促进了教育和培训资源的创新;而多模态生成技术则进一步整合了各种形式的信息处理能力,实现了跨媒体的内容理解和生成,为智能交互系统提供了强大的技术支持,促进了人机交互的自然化和智能化发展。综上所述,掌握并应用这些生成式人工智能技术,不仅可以提升个人或企业的竞争力,还能促进社会整体向更高层次的信息文明迈进。

本任务是掌握生成式人工智能的常见技术,包括文本生成技术、语音生成技术、图像生成技术、视频生成技术、多模态生成技术。

1.3.1 文本生成技术

文本生成的核心是通过训练模型,使其学习文本序列中的上下文关系,然后根据给定的主题生成相关文本,实现了人工智能在文本创作领域的应用。通过引入更多的训练数据、改进模型架构和优化训练算法等方式可增强模型的表现能力。随着这些改进的逐步实施,可以预测未来会有更精确、更流畅、更一致的文本生成结果。

1. 文本生成的核心技术

(1) 循环神经网络(Recurrent Neural Network,RNN)。RNN 是一种处理序列数据的

经典生成式模型,它能够捕捉文本中的长期依赖关系。尽管 RNN 在处理短序列数据时表现良好,但在处理长序列数据时容易遭遇梯度消失或爆炸的问题。为此,长短期记忆网络(LSTM)作为 RNN 的改进版本,通过引入门控机制(遗忘门、输入门和输出门)有效解决了这些问题。

（2）变换器(Transformer)。与 RNNs 和 LSTM 不同,Transformer 是一种基于自注意力机制的模型,它摒弃了循环结构,采用并行处理输入序列的方式,提高了计算效率。Transformer 在自然语言处理(NLP)任务中表现尤为出色,特别是机器翻译、文本分类等领域。

（3）生成对抗网络。生成对抗网络由生成器网络和判别器网络组成,通过生成器生成文本并由判别器评估其真实性,从而在训练中不断提升生成质量。生成对抗网络在文本生成中的应用主要体现在增强文本的多样性和流畅性。

（4）变分自编码器(Variational Autoencoder,VAE)。VAE 是另一种常见的生成式模型,通过编码器将输入数据压缩成潜在表示,然后通过解码器将其重建为输出数据。VAE 在文本生成中的应用主要包括生成多样、合理的文本片段。

2. 文本生成应用场景

（1）简历润色。通过分析大量高质量简历的数据特征,使用 GAN 或 VAE 等模型可以自动生成简洁、清晰、格式规范的简历内容。用户仅需输入个人基本信息,模型便能快速生成个性化简历。

（2）面试准备。生成式人工智能能够根据历史面试问题及回答,模拟生成面试官可能提出的问题及回答要点,帮助求职者做好充分准备。这种应用结合 NLP 技术和情感分析,可生成既符合语言规范又包含个人特色的回答。

（3）歌词生成。歌词创作往往需要灵感和创造性,而生成式人工智能通过学习大量音乐作品的歌词,可捕捉音乐的风格和情感,从而生成新颖、连贯的歌词。RNN 和 LSTM 在这方面尤其适用,因为它们擅长处理文本序列的依赖关系。

（4）代码生成。随着自动编程的发展,生成式人工智能能够辅助程序员快速生成代码。在编写复杂的函数或程序时,模型通过分析大量的开源代码和 API 文档,可以自动完成代码的填充和优化。这种方式能够大大提高开发效率,尤其对于非专业开发者而言更具实用价值。

（5）活动计划。在活动策划和管理中,生成式人工智能可以根据历史数据和用户需求,自动生成活动的初步计划,包括时间节点、活动内容、资源分配等。这不仅节省了大量的时间和人力成本,还为活动的策划提供了更加科学合理的方案。

1.3.2　语音生成技术

语音生成技术(Speech Synthesis)是指通过计算机或其他设备,将文本或其他形式的输入转换为人类可理解的语音输出的技术。这种技术在智能助手、导航系统、游戏配音、客户服务系统、新闻播报和语言学习软件等多个领域都有广泛应用。

1. 语音生成的核心技术

语音生成技术主要包括文本到语音(Text-to-Speech,TTS)的合成方法,其中代表性的技术包括 Tacotron、WaveNet 和 FastSpeech 等。

（1）Tacotron。Tacotron 是采用 Seq2Seq 模型结构,结合注意力机制,将文本输入转换为语音的特征表示,再通过声码器(Vocoder)将特征转换为波形。

(2)WaveNet。WaveNet 是一种基于自回归模型的声码器,能够生成高质量的语音波形,但计算复杂度较高。

(3)FastSpeech。为了克服 Tacotron 生成速度慢的缺点,FastSpeech 采用了非自回归模型结构,大幅提高了生成速度,同时保持了较好的音质。

2. 语音生成应用场景

(1)智能助手。通过语音生成技术,智能助手可以更加自然地与用户进行交互,提供更加便捷的服务。

(2)导航系统。在驾驶或步行导航过程中,语音生成技术可以将路线信息转换为语音播报,提高用户体验。

(3)游戏配音。语音生成技术可以为游戏角色生成逼真的语音,增强游戏的沉浸感和真实感。

(4)客户服务系统。在自动客服系统中,通过语音生成技术可以实现与用户的语音交互,提供快速、便捷的客户服务。

(5)新闻播报。语音生成技术可以将新闻内容转换为语音进行播报,方便用户在驾驶或忙碌时获取新闻信息。

(6)语言学习软件。在语言学习软件中,语音生成技术可以帮助用户模拟真实的语言环境,提高语言学习效果。

1.3.3　图像生成技术

图像生成技术是通过计算机算法生成逼真或创意性的图像。该技术通常依赖于深度学习模型,尤其是 GAN 和 VAE,从噪声或其他输入数据中生成图像。

1. 图像生成的核心技术

图像生成技术主要包括 GAN 及其变种,如 StyleGAN、ProgressiveGAN 等。

(1)GAN。GAN 由生成器(Generator)和鉴别器(Discriminator)两个网络组成。生成器负责生成图像,鉴别器负责区分生成的图像和真实图像,两者相互对抗,共同提高生成图像的质量。

(2)StyleGAN。在 GAN 的基础上,StyleGAN 引入了风格向量(Style Vector)的概念,通过控制风格向量可以生成具有不同风格的图像。

(3)ProgressiveGAN。ProgressiveGAN 采用渐进式增长的策略,从低分辨率到高分辨率逐步训练生成器和判别器,提高了生成图像的质量和稳定性。

2. 图像生成应用场景

(1)艺术创作。图像生成技术可以生成新的艺术作品,如绘画、插图和设计。技术细节包括 GANs 和 VAEs,能够学习艺术风格并生成新的艺术作品。

(2)虚拟现实(Virtual Reality,VR)。图像生成技术可以创建逼真的三维场景。技术细节包括实时渲染技术和三维建模算法,可以创建沉浸式的虚拟环境。

(3)广告设计。图像生成技术可以生成新的广告图像和布局。技术细节包括图像识别和图像合成算法,可以确保广告内容吸引目标受众。

（4）医疗影像。图像生成技术可以生成三维的医学图像，如 CT 扫描和 MRI 图像。技术细节包括图像分割和三维重建算法，可以帮助医生诊断和治疗疾病。

（5）图像修复。图像生成技术可以修复老照片或损坏的图像。技术细节包括图像识别和图像合成算法，可以填补图像中的缺失部分或去除不需要的元素。

（6）游戏开发。图像生成技术可以创建游戏中的角色、环境和道具。技术细节包括实时渲染技术和物理模拟算法，可以创建逼真的游戏世界。

1.3.4　视频生成技术

视频生成技术是利用计算机算法自动生成动态视频内容。该技术综合了图像生成、时间序列处理和视频处理等多种技术，从噪声、文本描述或其他输入数据中生成连贯、逼真的视频序列。

1. 视频生成的核心技术

视频生成技术利用深度学习模型，特别是 GAN 及其变种，通过训练模型来生成逼真的视频内容。GAN 由生成器和鉴别器两个主要组件组成，生成器负责生成合成视频帧，而鉴别器则负责区分真实视频帧和生成的视频帧。生成器和鉴别器在训练过程中相互竞争和博弈，生成器不断尝试生成更逼真的视频帧以欺骗鉴别器，而鉴别器则不断优化自身的判别能力以区分真实和生成的视频帧。

2. 视频生成应用场景

（1）娱乐与媒体。电影和电视剧的特效制作，如生成背景、角色动作或场景转换；音乐视频的自动生成，结合音乐风格和歌词创作视觉内容。

（2）广告与营销。动态广告内容的生成，根据受众群体和产品特点定制视频广告；产品演示视频的自动化制作，展示产品的功能和使用场景。

（3）教育与培训。虚拟实验室的创建，提供安全、低成本的实验环境；课程内容的可视化呈现，如历史事件的模拟、生物过程的演示等。

（4）游戏开发。游戏场景的自动生成，为游戏世界提供无限的探索空间；角色和道具的实时渲染，提升游戏的视觉效果和沉浸感。

（5）社交媒体。短视频的自动化创作和编辑，提高内容创作效率；个性化视频推荐，根据用户兴趣生成并推荐相关内容。

（6）虚拟现实。VR 内容的生成，如虚拟现实旅行、历史重现等；交互式 VR 体验的创建，提供用户与虚拟环境的实时互动。

1.3.5　多模态生成技术

多模态生成技术是指能够同时处理并生成多种模态数据（如文本、图像、音频、视频等）的人工智能技术。这类技术通常基于深度学习模型，利用跨模态学习和生成式建模的方法来融合和生成不同模态的数据。例如，跨模态内容生成技术可以基于文本描述生成相应的图像或视频，或者根据图像中的内容生成描述性的文本。

多模态生成的应用场景如下。

（1）跨模态内容生成。文本到图像的生成，如根据小说情节绘制插画或漫画；图像到文本的生成,如自动生成图片的描述性文字或新闻稿;音频到视频的生成,如根据音频内容生成相应的视频画面。

(2)智能交互系统。智能助手和虚拟客服,能够理解用户的多模态输入(如语音、文字、手势等)并作出相应回应;智能家居控制,可通过语音、图像等多种方式与家庭设备进行交互。

(3)娱乐与媒体。跨模态内容创作平台,允许用户通过不同模态的输入来共同创作内容;沉浸式娱乐体验,如基于多模态输入的虚拟现实游戏或演出。

(4)教育与培训。多媒体教学资源的生成,结合图像、音频、视频等多种模态提升教学效果;模拟实验和虚拟环境的创建,提供多样化的学习体验。

(5)广告与营销。跨模态广告内容的生成,结合多种模态的元素来吸引用户注意力;个性化广告推荐,根据用户的多模态行为数据进行精准投放。

(6)医疗健康。医学图像的辅助诊断,通过生成模型对医学图像进行分析和解释;患者康复训练的智能化辅助,结合多种模态的数据进行个性化指导。

任务 1.4　生成式人工智能的典型应用平台

任务 1.4
学习助手

随着人工智能技术的飞速发展,国内在生成式人工智能领域也涌现出了一批优秀的创业公司及其产品。这些人工智能产品不仅能够根据用户输入的文本或图片生成高质量的视频内容,还在不同程度上满足了用户对于视频创作的多样化需求。

本任务是了解具有代表性、公开可用的生成式人工智能,更好地了解它们的功能和优缺点。

1.4.1　智谱清言

智谱清言的功能包括通用问答、多轮对话、创意写作、代码生成、虚拟对话、AI 文生视频、图生视频。智谱清言支持容量达 1 亿字的庞大知识库;提供思维导图、数据分析等实用工具;接入了微博、飞书日历等平台工具;通过提供外接 API,智能体可以赋能到各种工作流程和应用。其访问地址:https://chatglm.cn,访问界面如图 1.4 所示。

图 1.4　智谱清言访问界面

1. 智谱清言的优点

（1）支持 128K tokens 的超长文本处理能力，具有强大的语言理解和生成能力，可应用于多种场景和任务。

（2）提供实时搜索和数据分析的功能。

（3）具备多轮对话的能力，能够进行连贯的交流和交互。

（4）推理能力良好，能够有效理解和执行结构化提示词。

（5）在中文自然语言处理方面有较强的能力，尤其是在理解复杂的中文语境和网络用语方面。

2. 智谱清言的缺点

（1）绘图功能存在一定限制。

（2）部分功能可能需要网络连接才能正常使用。

1.4.2　Kimi

Kimi 主要有 6 项功能：长文总结和生成、联网搜索、数据处理、编写代码、用户交互、翻译。Kimi 的主要应用场景为专业学术论文的翻译和理解、辅助分析法律问题、快速理解 API 开发文档等，是全球首个支持输入 20 万汉字的智能助手产品，已启动 200 万字无损上下文内测。其访问地址：https://kimi.moonshot.cn/，访问界面如图 1.5 所示。

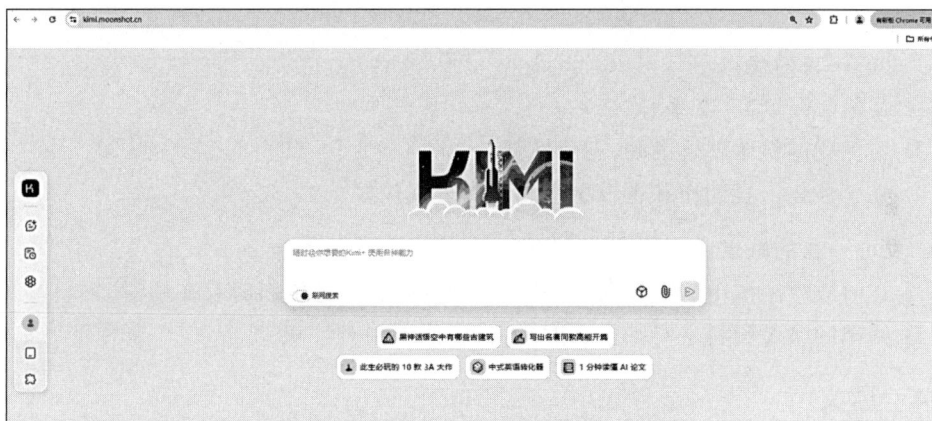

图 1.5　Kimi 访问界面

1. Kimi 的优点

（1）适合处理大量文本信息，如长篇文章、报告或书籍。

（2）擅长中英文对话，能够理解和回应多种语言的问题。

（3）在续写逻辑测试中内容相对更细致，对人物风格的把控能力较好。

（4）在时效性测试中表现最强，能够大范围搜索相关资讯并给出引用链接。

2. Kimi 的缺点

（1）在整体理解和逻辑方面相比文心一言稍弱。

（2）在个性化内容创作中表现相对较弱。

1.4.3　文心一言

文心一言主要功能包括文学创作、商业文案创作、数理逻辑推算、中文理解、多模态生成等。它具有跨模态、跨语言的深度语义理解与生成能力,广泛应用于搜索问答、内容创作生成、智能办公等多个领域。其访问地址:https://yiyan.baidu.com/,访问界面如图1.6所示。

图1.6　文心一言访问界面

1. 文心一言的优点

(1)文笔流畅度高,文采好。

(2)对主题的整体理解准确,逻辑性强。

(3)在个性化内容创作和逻辑思考测试中表现较好。

2. 文心一言的缺点

(1)在时效性测试中表现较弱,尤其在处理视频类参考资料时存在局限。

(2)给出的参考资料主要来自百度系内容,范围相对较窄。

1.4.4　通义

通义提供通义灵码(编码助手)、通义智文(阅读助手)、通义听悟(工作学习)、通义星尘(个性化角色创作平台)、通义点金(投研助手)、通义晓蜜(智能客服)、通义仁心(健康助手)、通义法睿(法律顾问)8大行业模型。8大行业模型可以帮助人们写代码、读代码、查BUG、优化代码等;短时间内获取长文本的提要和概述,掌握要点;对音频内容转写、翻译、角色分离、全文摘要、章节速览、发言总结、PPT提取等,并支持标重点、记笔记;可以解读财报研报,分析金融业事件,自动绘制图表表格,实时市场数据分析等。其访问地址:https://tongyi.aliyun.com/,访问界面如图1.7所示。

1. 通义的优点

(1)流畅度不错,行文手法中规中矩。

(2)在逻辑思考和时效性测试中表现准确。

图 1.7　通义访问界面

（3）在续写逻辑测试中发挥出较好的创造力,赋予人物不同特点。

2. 通义的缺点

（1）在文笔和文采方面相比文心一言稍弱。

（2）不能给出引用链接,对内容有效性和正确性的判断相对困难。

1.4.5　腾讯元宝

腾讯元宝提供 AI 搜索、总结、写作、绘画等功能,支持解析 PDF、Word、txt 等文档格式,拥有超长的上下文处理能力,并可以一次性处理多个网页和微信公众号链接,提供 AI 头像、角色扮演、口语陪练、同声传译等特色功能,并允许用户创建个性化的个人智能体。其访问地址：https://yuanbao.tencent.com/,访问界面如图 1.8 所示。

图 1.8　腾讯元宝访问界面

1. 腾讯元宝的优点

（1）功能丰富，满足用户在工作和生活中的多样化需求。

（2）可解析多种格式的文档，支持超长的上下文窗口，并能一次性解析多个链接，极大地提高了工作效率。

（3）易于使用，提供个性化的智能体验。

2. 腾讯元宝的缺点

（1）在数据准确性上有待改进。

（2）内容生态数据的优势被抑制。

1.4.6 天工 AI

天工 AI 的主要功能包括 AI 搜索、AI 对话、AI 文档分析、AI 写作、AI 图片生成、AI PPT。其访问地址：https://www.tiangong.cn/，访问界面如图 1.9 所示。

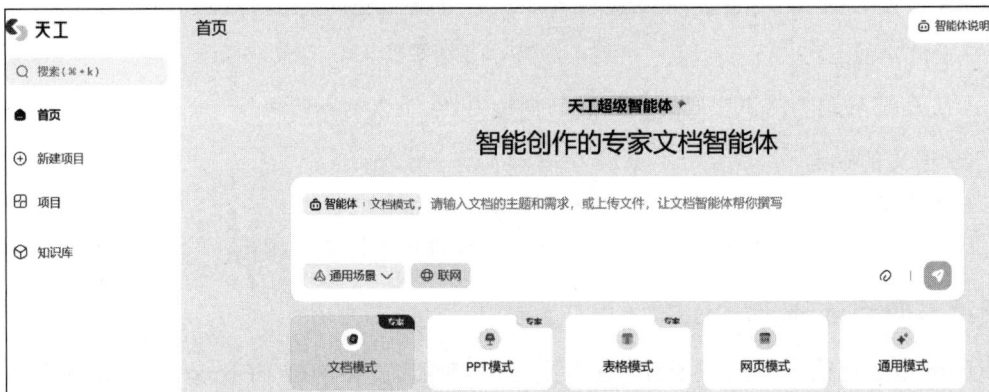

图 1.9 天工 AI 访问界面

1. 天工 AI 的优点

（1）行文流畅老练，具有较强的政治素养，适合政务公文类创作。

（2）在逻辑思考和时效性测试中表现准确。

2. 天工 AI 的缺点

（1）在续写逻辑测试中表现最弱，不能把控不同人物风格。

（2）不能给出引用链接，对内容有效性的判断较为困难。

1.4.7 DeepSeek

DeepSeek 直接面向用户或者支持开发者，提供智能对话、文本生成、语义理解、计算推理、代码生成补全等应用场景，支持联网搜索与深度思考模式，同时支持文件上传，能够扫描读取各类文件及图片中的文字内容。其访问地址：https://chat.DeepSeek.com/，访问界面如图 1.10 所示。

1. DeepSeek 的优点

（1）强大的中文处理能力。DeepSeek 在中文输出和理解方面表现出色，能够更好地处

图 1.10   DeepSeek-V3 访问界面

理中文的复杂语义和文化背景。

（2）低成本与开源。DeepSeek 商用开源,个人和企业均可免费使用。每千 tokens 的模型输出费用仅为 1.6 分人民币(企业版),约为 ChatGPT-4 的五分之一。

（3）推理能力强。DeepSeek 在数学推理和逻辑推理任务中表现出色,能够准确识别用户问题的意图并提供相对准确的答案。

（4）灵活的部署方案。DeepSeek 支持网页在线、本地部署和云服务等多种部署方式,可满足不同用户的需求。

（5）数据整合能力。DeepSeek 能够从各种结构化和非结构化的数据源中提取信息,并将其整合到一个统一的平台上,方便用户进行数据分析和挖掘。

2. DeepSeek 的缺点

（1）服务器稳定性问题。由于用户激增,DeepSeek 的服务器在高峰期容易出现卡顿,提示"服务器繁忙,请稍后再试"。

（2）多模态能力不足。DeepSeek 在处理多模态信息(如图片、视频等)方面的能力相对较弱。

（3）多语言支持有限。DeepSeek 主要专注于中文和英文,对其他语言的支持不够完善。

项 目 总 结

生成式人工智能代表着人工智能技术的一个重要发展方向,它不仅能够分析现有数据,还能生成新颖的内容,涵盖了文本、图像、音频和视频等多种形式。这项技术正在改变我们工作、生活和娱乐的方式,并且随着技术的不断进步,生成式人工智能正变得越来越普及和强大。

本项目探讨了生成式人工智能的概念、发展历程和技术原理,并且介绍了国内外一些具有代表性的生成式人工智能平台。通过本项目了解到生成式人工智能技术已经广泛应用于多个领域,包括艺术创作、编程辅助、个性化服务等,并且在诸如图像生成、文本生成等方面也取得了显著成就;同时,也意识到生成式人工智能会带来版权、伦理和隐私保护等方面的挑战。

　　本项目还介绍了几款国内优秀的生成式人工智能产品,比如智谱清言、Kimi、文心一言、通义、腾讯元宝、天工 AI 和 DeepSeek 等。每个平台都具有各自的特点和优势,同时也存在一些不足之处。例如,智谱清言在中文自然语言处理方面表现出色,但绘图功能有限;Kimi 擅长处理大量文本信息,但在个性化内容创作上略显不足;文心一言则以其流畅的文笔和准确的主题理解而著称,但在时效性上有所欠缺;通义在逻辑思考和时效性测试中表现良好,但文笔略逊一筹;腾讯元宝提供了丰富的功能来满足用户的工作和生活需求,但在数据准确性上还有待提高;天工 AI 适用于政务公文创作,但在续写逻辑测试中表现较弱;DeepSeek 具备强大的中文处理能力和推理能力,但存在服务器稳定性问题。

　　总之,生成式人工智能的发展为人类带来了前所未有的机遇,使得机器能够在许多领域发挥出与人类类似的创造力。然而,为了使这项技术得到负责任地发展和应用,需要对其可能引发的各种问题保持警觉,并采取适当的措施加以应对。通过深入了解生成式人工智能的技术和应用,可以更好地把握其未来的发展方向,并为之做好准备。

课 后 习 题

　　1. 简述生成式人工智能与传统人工智能的主要区别,并举例说明生成式人工智能的应用场景。

　　2. 在生成式人工智能的发展历程中,有哪些重要的里程碑事件?请列举至少三个并作简要描述。

　　3. 请解释生成对抗网络的工作原理,并说明其在生成式人工智能中的重要性。

　　4. 在生成式人工智能的常见技术中,文本生成技术有哪些主要的应用场景?

　　5. 对比文本生成技术和语音生成技术,它们各自的核心技术是什么?请描述这两种技术在实际应用中的不同之处。

生成式人工智能在生活中的应用

　　生成式人工智能在日常生活中发挥着越来越重要的作用,它可以根据用户的特定需求和偏好生成个性化的内容。例如,通过分析用户的饮食习惯和营养需求,可以创建个性化的菜谱,帮助人们制订健康的饮食计划;在旅行方面,不仅可以根据用户的兴趣和以往的经历生成旅行日记,记录美好回忆,还能创作出独特的节日贺卡,增添节日的温馨氛围;此外,还能提供量身定制的旅行建议,包括目的地选择、行程规划等,极大地提升了旅行体验的个性化水平。这些应用不仅丰富了我们的日常生活,也为人们提供了更加贴心和高效的服务。

学习目标

(1) 能使用大模型生成菜谱。

(2) 能使用大模型生成图片。

(3) 能使用大模型生成简单的视频。

(4) 能使用大模型进行旅行建议。

任务 2.1　使用文心一言生成个性化菜谱

任务 2.1
学习助手

📚 任务描述

　　个性化菜谱是一种根据个人的具体需求和偏好定制的饮食方案。这种定制化的方法不仅考虑到了个体的口味偏好,还充分考量了每个人的营养需求、健康状况甚至是特殊饮食限制等因素。通过个性化菜谱,每个人都可以获得最适合自己的饮食指导,无论是为了减重、增肌还是维持健康的生活方式。这种定制化的饮食计划能够更好地满足不同人群的需求,比如运动员可能需要高蛋白的饮食来支持他们的训练,而患有慢性疾病的人可能需要特殊的膳食来管理病情。

　　本任务是使用文心一言生成个性化菜谱。

📖 任务解析

　　个性化菜谱可以帮助人们克服挑食或厌食的习惯,通过多样化的食材搭配和烹饪方式,可让饮食变得更加有趣和丰富。总之,个性化菜谱的好处在于它能够为每个人提供最适合其身体状况和个人喜好的饮食方案,帮助人们更轻松地达到营养均衡的目标,同时还能享受美食带来的乐趣,从而促进整体的健康和福祉。使用文心一言生成个性化菜谱的步骤如下。

1. 明确需求

首先,需要明确个性化需求。例如,需要一份适合素食者的晚餐菜谱,或者是为儿童准备的健康午餐菜谱。确保清楚地描述口味偏好(如辣度、酸甜度等)、特殊饮食需求(如低脂、无麸质等)以及任何食材限制(如对海鲜过敏)。

2. 输入请求

在文心一言的输入框中,详细描述你的需求。例如,请为我生成一份适合素食者的晚餐菜谱,包含三道菜(一道汤、一道主菜、一道甜品),要求食材易得,做法简单,且健康美味。请尽量使用应季蔬菜,并避免使用过多的调味料。

3. 获取并审核生成内容

文心一言会根据输入生成相应的菜谱。仔细阅读生成的菜谱内容,确保它符合你的需求和口味。注意检查菜谱中的食材列表、烹饪步骤以及小贴士等部分,确保它们清晰明了且易于操作。

4. 根据需要进行调整

如果生成的菜谱中有部分不符合你的要求(如食材难以购买或烹饪方法过于复杂),你可以对生成的菜谱进行调整。可以手动修改食材列表,简化烹饪步骤,或者完全重新构思一道新菜;也可以基于 AI 的初步建议,发挥自己的创意来丰富和完善菜谱。

5. 实践与反馈

按照生成的菜谱进行实践烹饪,并在烹饪过程中留意任何可能遇到的问题或需要改进的地方。烹饪完成后,品尝菜品并评估其口感和味道是否符合预期。随后,可以将实践经验和反馈再次输入文心一言中,以便进一步优化和调整未来的菜谱生成结果。

📜 任务实现

1. 输入提示词

输入网址 https://yiyan.baidu.com/,打开文心一言官网,输入以下提示词。

> 请为我生成一份适合素食者的晚餐菜谱,包含三道菜(一道汤、一道主菜、一道甜品),要求食材易得,做法简单,且健康美味。请尽量使用应季蔬菜,并避免使用过多的调味料。

生成的菜谱初稿如图 2.1 所示。
生成的菜谱内容如下。

> 素食者晚餐菜谱
> 一、番茄蛋花汤
> 材料:
> • 新鲜番茄 2 个(约 300 克)

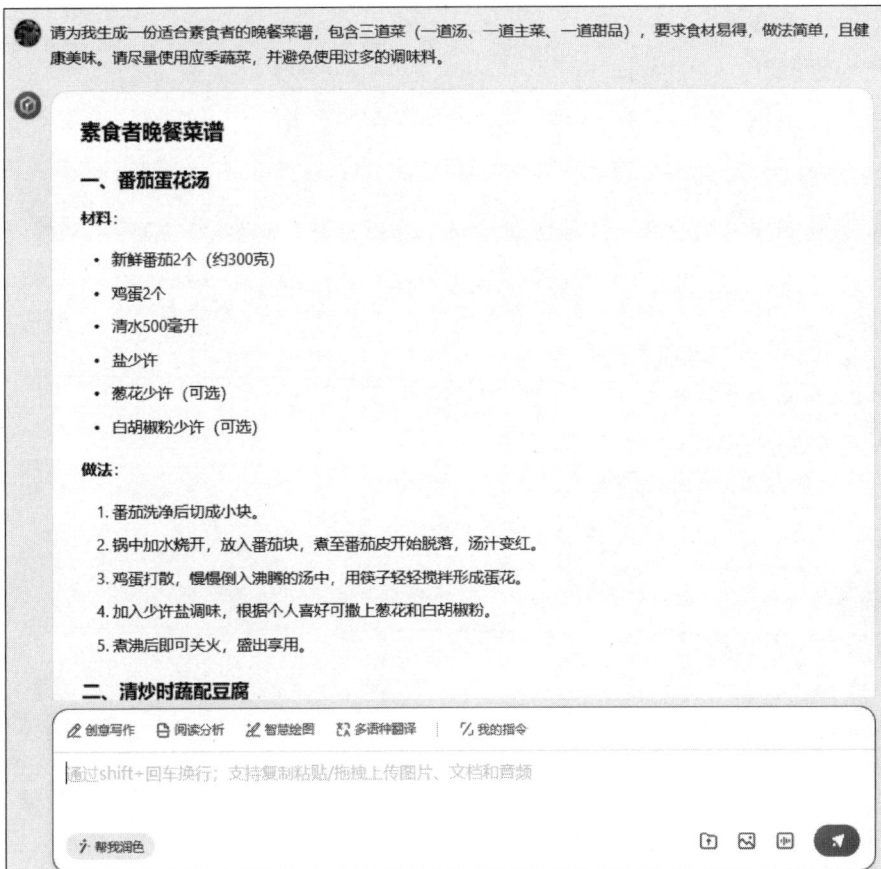

图 2.1 生成的菜谱初稿

- 鸡蛋 2 个
- 清水 500 毫升
- 盐少许
- 葱花少许(可选)
- 白胡椒粉少许(可选)

做法:

(1)番茄洗净后切成小块。

(2)锅中加水烧开,放入番茄块,煮至番茄皮开始脱落,汤汁变红。

(3)鸡蛋打散,慢慢倒入沸腾的汤中,用筷子轻轻搅拌形成蛋花。

(4)加入少许盐调味,根据个人喜好可撒上葱花和白胡椒粉。

(5)煮沸后即可关火,盛出享用。

二、清炒时蔬配豆腐

材料:

嫩豆腐 1 块(约 300 克)

季节性蔬菜(如西蓝花、胡萝卜、青椒各适量,约 200 克)

大蒜 2 瓣(切片)

生抽 1 大勺

盐少许

植物油适量

做法:

豆腐切块,用厨房纸巾吸去多余水分;蔬菜洗净切好,西蓝花分成小朵,胡萝卜和青椒切片。

锅中加水烧开,加入少许盐,先下西蓝花焯水 1 分钟,再加入胡萝卜和青椒略焯,捞出沥干。

另起锅,加热适量植物油,放入大蒜片爆香。

加入豆腐块,小火煎至两面微黄。

放入焯好的蔬菜,快速翻炒均匀。

调入生抽和少许盐,快速翻炒几下即可出锅。

三、杧果酸奶冰沙

材料:

熟透杧果 1 个(约 200 克)

原味酸奶 200 毫升

冰块适量

蜂蜜或枫糖浆少许(可选)

做法:

杧果去皮去核,切成小块。

将杧果块、酸奶、冰块放入搅拌机中。

根据个人口味可加入少量蜂蜜或枫糖浆增加甜味。

搅拌至完全混合成冰沙状。

倒入杯中,即可享用。

注意事项:

选择应季蔬菜不仅口感更佳,营养价值也更高。

调味料尽量少用,保持食材的原汁原味,更加健康。

制作过程中注意火候控制,避免蔬菜过熟影响口感。

甜品中的糖分可根据个人健康需求调整,糖尿病患者可选择不加糖或使用低糖替代品。

这份晚餐菜谱简单易做,营养均衡,适合素食者享用,希望您喜欢!

2. 调整与优化

文心一言生成的菜谱可能有一些并不符合我们的要求,还需要进行一些调整和优化。例如,上面生成的内容中不喜欢吃西红柿,可直接在输入框中输入"不喜欢吃西红柿",模型会根据上下文进行推断,在上下文基础上再次生成新的菜谱。改进后的菜谱如图 2.2 所示。

改进后的菜谱内容如下。

图 2.2　改进后的菜谱

了解到您不喜欢吃西红柿,那么我们可以将番茄蛋花汤替换为另一道受欢迎的素食汤品——南瓜浓汤。以下是调整后的晚餐菜谱。

素食者晚餐菜谱(调整后)

一、南瓜浓汤

材料:

金黄南瓜 1 个(约 500 克,去皮去籽后切块)

洋葱 1 个(切碎)

清水或植物奶(如杏仁奶)500 毫升

盐少许

黑胡椒粉少许

新鲜香草(如欧芹或罗勒,切碎,可选)

植物油适量

做法:

锅中加热适量植物油,放入洋葱碎炒至金黄。

加入南瓜块,翻炒至表面微焦。

倒入清水或植物奶,大火煮沸后转小火,煮至南瓜变软。

使用搅拌机将南瓜汤打成顺滑的浓汤,或直接用勺子压碎南瓜块。

回到锅中,加入盐和黑胡椒粉调味,加热至沸腾。

盛出后撒上新鲜香草碎即可享用。

二、清炒时蔬配豆腐(同上)

材料与做法保持不变,依然是一道健康美味的素食主菜。

三、杧果酸奶冰沙(同上)

材料与做法同样保持不变,作为甜品,它能为晚餐增添一丝清凉与甜蜜。

注意事项:

南瓜浓汤中的南瓜富含 β-胡萝卜素,对视力有益,同时提供丰富的膳食纤维。

炒制洋葱和南瓜时,注意火候,避免烧焦。

甜品中的糖分依然可根据个人口味调整,保持健康饮食的原则。

希望这份调整后的晚餐菜谱能够满足您的口味,祝您用餐愉快!

任务 2.2　使用文心一言生成装饰画

📚 任务描述

任务 2.2
学习助手

装饰画不仅能够美化空间,营造出温馨或时尚的氛围,还能够体现主人的艺术品味与个性,同时也是激发情感与思考的视觉焦点,有助于提升居住或工作环境的整体格调与舒适感。

本任务是通过文心一言生成家庭装饰画。

📚 任务解析

使用文心一言生成家庭装饰画的步骤可以概括为以下几个阶段。

1. 前期准备

(1)明确装饰风格。首先,确定想要为家庭空间营造的装饰风格,比如现代简约、中式古典、北欧风情等。这将有助于在后续的创作过程中选择合适的关键词和风格。

(2)选择关键词。根据装饰风格和个人喜好,准备一些关键词或短语,这些词汇将作为文心一言生成装饰画的创意输入。

2. 使用文心一言智慧绘图创作

(1)登录平台:打开文心一言的网页或小程序,使用账号登录。

(2)选择功能:选择智慧绘图功能。

(3)输入关键词:在智慧绘图的输入框中,输入准备好的关键词。关键词包括想生成的图片内容、风格、比例,或上传参考图。

(4)单击生成:完成上述设置后,单击"发送"按钮,让文心一言开始 AI 绘画创作。

3. 筛选与编辑

(1)筛选图片。在生成的图片中,筛选出最符合你家庭装饰需求和喜好的图片。

(2)编辑图片(如果需要)。可以使用文心一言提供的图片编辑功能,对选中的图片进行裁剪、调整色彩、添加滤镜等操作,以使其更加符合装饰需求;也可以利用其他专业的图像编辑软件,对图片进行更深入的编辑和处理。

4. 保存

将编辑好的图片保存到计算机或手机中,以便后续打印或展示。

任务实现

1. 登录平台

输入网址 https://yiyan.baidu.com/,打开文心一言官网,单击右上角"登录"按钮,输入账号和密码,登录文心一言平台,如图 2.3 所示。

图 2.3 文心一言官网

2. 选择功能

登录成功后,单击"智慧绘图"功能。

3. 设置创作参数

在"智慧绘图"的输入框中,输入"绘制中国风装饰画,装饰画中包含传统建筑(亭台楼阁、古桥流水),比例要求 4∶3"的提示词,如图 2.4 所示。

图 2.4 智慧绘画输入提示词

4．单击生成

完成上述设置后，单击"发送"按钮，让文心一言开始 AI 绘画创作，如图 2.5 所示。

图 2.5　智慧绘图生成的装饰画

5．编辑

如果对生成的装饰画不满意，可以进行重新生成或局部编辑。文心一言的局部编辑包括局部重绘和一键消除两个功能。

6．保存

将编辑好的图片保存到计算机或手机中，以便后续打印或展示。

任务 2.3　使用智谱清言创作节日祝贺视频

任务 2.3
学习助手

📚 任务描述

节日祝贺视频可以作为一份永久的纪念品，记录下特定时刻的美好回忆，日后重看仍然能够唤起当时的情感和气氛。借助社交媒体平台分享视频，还可以轻松地与更多人分享节日的喜悦，扩大祝福的覆盖面，让远方的亲友也能感受到节日的温馨与快乐。

本任务是使用智谱清言创作节日祝贺视频。

📖 任务解析

智谱清言是一款可以利用人工智能技术进行视频内容生成的平台。使用智谱清言的图生视频功能创作节日祝贺视频的步骤如下。

1．准备素材

（1）节日相关图片。选择人物图片以及与节日氛围相符的图片，如春节可以选用红色背景、福字、对联等。

（2）背景音乐。挑选一段适合节日的音乐,如春节可以选择由传统乐器演奏的喜庆音乐。

（3）文案。撰写一段简短的节日祝福语。

2. 选择清影智能体-AI生视频

打开智谱清言网站,登录账号。单击"清影智能体-AI生视频"按钮。

3. 导入素材

（1）上传图片。单击"添加图片"按钮,从计算机中选择准备好的节日相关图片上传。

（2）输入文案。将准备好的祝福文案输入指定的文本框中。

4. 设置参数

（1）基础参数。可设置的参数包括视频生成模式、视频帧率、视频分辨率。

（2）视频时长。根据文案时间需求选择生成时长。

（3）设置AI特效。根据文案需求,添加AI特效。

5. 预览与调整

播放视频预览效果,检查图片、特效、文案是否同步,动画是否流畅。根据预览效果进行必要的调整,如添加背景音乐、重新生成等。

6. 下载视频

确认无误后,下载视频。

7. 分享发布

将生成的节日祝贺视频上传到社交媒体、视频平台,或通过即时通信工具分享给亲朋好友。

在创作视频时,应确保所有素材的使用都符合版权规定,避免侵犯他人权益。同时,内容应当积极向上,符合社会主义核心价值观。

任务实现

1. 登录平台

输入网址 https://chatglm.cn/,打开智谱清言官网,登录账号后,单击"清影-AI生视频"按钮,如图2.6所示。

2. 导入素材

（1）上传图片。单击"添加图片"按钮,从计算机中选择准备好的节日相关图片上传。

（2）输入文案。生成节日祝贺视频,并包含字幕春节快乐。

3. 生成视频

单击"生成视频"按钮进行生成,生成过程需要等待几分钟。

4. 预览与调整

播放视频预览效果,检查图片、音乐、文案是否同步,动画是否流畅,如图2.7所示。生成的视频可通过单击"音乐库"按钮,选择合适的背景音乐。

图 2.6　"清影-AI生视频"界面

图 2.7　生成的视频界面

根据预览效果进行必要的调整,如重新生成视频、更换背景音乐等。

5. 下载视频

确认无误后,单击"下载"按钮,下载视频。

任务 2.4　使用通义提供旅行建议

任务 2.4
学习助手

任务描述

提供旅行建议的好处在于它能帮助旅行者提前规避潜在的风险,合理规划行程,确保旅行既安全又高效。优质的旅行建议不仅能让旅行者深入了解目的地的文化特色,还能推荐最佳的观光路线和必访景点,从而丰富旅行体验。此外,它还能引导旅行者找到性价比高的住宿和餐饮选择,节省开支,让整个旅程更加顺畅无忧。总之,好的旅行建议能够极大提升旅行的质量,让每一次出行都变成一次愉快且难忘的经历。

本任务是使用通义提供旅行建议。

任务解析

使用通义提供旅行建议的大致步骤如下。

1. 登录平台

(1)访问通义的官方网站,并使用有效的账号进行登录。

(2)登录之后,在搜索框或提问区域输入有关旅行的问题,比如询问某个目的地的最佳旅游季节、推荐景点、住宿选择或者是当地美食等。

2. 选择偏好

某些情况下,平台可能会要求你提供更详细的偏好设置,比如预算范围、旅行类型(冒险、休闲、文化体验等)、是否有特殊需求(如无障碍设施)等。

3. 查看建议

提交问题后,通义会根据你的需求提供相应的旅行建议。这些建议可能包括详细的行程规划、地图导航、景点介绍以及实用的旅行小贴士。

4. 互动交流

如果有必要,还可以与平台上的智能助手进一步交流,以获取更具体的帮助或澄清疑问。

5. 应用建议

根据收到的建议规划你的旅行,并在实际旅行过程中参照这些建议行事,以期获得更好的旅行体验。

任务实现

1. 登录平台

输入网址 https://tongyi.aliyun.com/,打开通义的官网,登录账号,输入以下提示词。

什么时候是去青岛的最佳时间?我计划花费大约 5000 元人民币去青岛旅行一周,去青岛旅行应该带些什么?请为我设计一个青岛五天四夜的行程,行程中推荐一些好吃的饭店。请给我一些建议。

生成的旅行建议如图 2.8 所示。

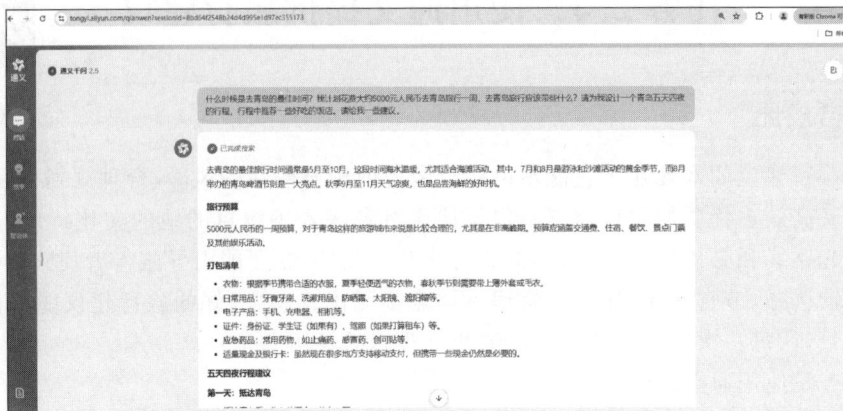

图 2.8　生成的旅行建议

生成的旅行建议内容如下。

去青岛的最佳旅行时间通常是 5 月至 10 月，这段时间海水温暖，尤其适合海滩活动。其中，7 月和 8 月是游泳和沙滩活动的黄金季节，而 8 月举办的青岛啤酒节则是一大亮点。秋季 9 月至 11 月天气凉爽，也是品尝海鲜的好时机。

旅行预算

5000 元人民币的一周预算，对于青岛这样的旅游城市来说是比较合理的，尤其是在非高峰期。预算应涵盖交通费、住宿、餐饮、景点门票及其他娱乐活动。

打包清单

- 衣物：根据季节携带合适的衣服，夏季轻便透气的衣物，春秋季节则需要带上薄外套或毛衣。
- 日常用品：牙膏牙刷、洗漱用品、防晒霜、太阳镜、遮阳帽等。
- 电子产品：手机、充电器、相机等。
- 证件：身份证、学生证(如果有)、驾照(如果打算租车)等。
- 应急药品：常用药物，如止痛药、感冒药、创可贴等。
- 适量现金及银行卡：虽然现在很多地方支持移动支付，但携带一些现金仍然是必要的。

五天四夜行程建议
第一天：抵达青岛

- 抵达青岛后，先入住酒店，休息一下。
- 下午可前往栈桥和八大关景区，漫步海边，享受海滨风光。
- 晚餐推荐尝试青岛的海鲜大排档。
第二天：探索市区
- 上午参观青岛啤酒博物馆，了解青岛啤酒的历史文化。

- 午餐可以在博物馆附近的餐厅享用。
- 下午游览小鱼山公园、鲁迅公园等景点。
- 晚上可以去五四广场或奥帆中心,体验现代都市的夜景。

第三天:崂山一日游

- 前往崂山风景区,可以选择北九水游览线路,体验自然风光。
- 午餐可在山上享用简单的农家菜。
- 下午继续游览,可以选择爬山或者参观道教文化景点。

第四天:海边放松

- 前往金沙滩或其他海滩,享受阳光和沙滩。
- 午餐在海滩附近找一家海鲜餐馆。
- 下午可以继续在海边活动,或者选择去附近的海洋世界参观。

第五天:市区购物与返程

- 上午可以在市内逛逛,购买一些纪念品或特产。
- 中午在市区找一家有口碑的饭店享用最后一顿丰盛的午餐。
- 下午返回酒店收拾行李,准备返程。

推荐饭店

- **劈柴院**:位于中山路商业街附近,是品尝地道青岛小吃的好去处。
- **老灶台海鲜烧烤**:提供新鲜的海鲜烧烤,适合晚餐。
- **锅魁印象**:如果想尝试四川小吃,这里是个不错的选择。

请注意,由于信息可能会随时间变化,建议提前查看网上评论或询问当地居民,以获得最新和最准确的建议。同时,根据个人口味和喜好,也可以调整上述建议。希望这些建议能帮助你规划一次愉快的青岛之旅!

2. 优化旅行建议

刚才的旅行建议没有列出旅行的大致费用清单,可以让通义大模型生成更为详细的费用清单。在输入框中输入提示词"请使用表格列出五天四夜行程大致费用",生成结果如图2.9所示。

图 2.9　生成的费用清单

生成的费用清单如下。

好的,下面是一个基于五天四夜青岛旅行的大致费用估算表。请注意,实际费用可能会根据您的选择和个人消费习惯有所不同。

费 用 项 目	估算费用(元/人)	备　　　注
往返交通	800	根据出发地不同,飞机或火车硬座/高铁二等座
住宿	800	平均每晚 200 元,选择经济型酒店或民宿
景点门票	400	包括主要景点如崂山、栈桥、青岛啤酒博物馆等
餐饮	500	按照每日三餐计算,平均每餐 50 元
当地交通	200	公交、地铁、打车等
其他	300	包括购物、纪念品等杂项开销
总计	3000	

此表只是一个粗略的估计,实际花费可能会因为个人选择的住宿标准、餐饮水平、购物行为以及是否参加额外付费活动而有所变化。此外,如果您选择跟团游,则费用可能会有所不同,参考之前的信息,跟团游的价格在 1000 元至 1300 元之间。

根据您的预算 5000 元,您将有足够的余地来提升旅行体验,比如选择更好的住宿条件、更多的美食享受或是参与额外的旅游活动。如果您有任何特定的需求或想要更加详细的预算分配,请告诉我,我可以为您提供更为定制化的建议。

项 目 总 结

本项目聚焦于生成式人工智能在日常生活中的应用,展示了如何利用先进的生成式人工智能技术来改善人们的日常生活体验。通过对个性化菜谱的生成,不仅帮助用户根据自身的饮食习惯和营养需求制订了健康饮食计划,还通过提供多样化和趣味性的菜品组合克服了挑食或厌食的问题,促进了整体的健康和福祉;通过生成家庭装饰画,展示了生成式人工智能在艺术创作领域的潜力,能够根据用户的需求和品味生成独特的装饰作品,美化居住或工作环境;在旅行建议方面,项目展示了如何根据旅行者的兴趣和预算提供定制化的旅行建议,从目的地选择到详细的行程规划,极大地提升了旅行体验的个性化水平。综上所述,这些应用不仅丰富了日常生活,也为用户提供了一个更加贴心和高效的个性化服务体验。

课 后 习 题

1. 使用大模型生成个性化学习计划。
2. 使用大模型生成健康锻炼计划。
3. 根据上传的图片,使用大模型制作拜年视频。
4. 利用大模型生成职业发展建议。
5. 利用大模型生成智能家居控制系统设计。

生成式人工智能在办公中的应用

生成式人工智能在办公环境中的广泛应用,标志着企业生产力的一次革命性飞跃。这类技术通过自动化处理日常任务,如生成报告摘要、创建营销海报、处理 Excel 表格数据以及生成 PPT 等,不仅大幅提升了工作效率,减少了人为错误,还使员工能够将更多的精力投入创新性的工作和战略性思考中。具体而言,在报告撰写与数据分析方面,AI 可以快速整合海量信息,提炼出关键,并自动生成结构化且内容翔实的报告,帮助决策者快速获取有价值的信息;在营销活动设计方面,AI 能够依据目标受众的特征与偏好,制作出具有吸引力的视觉素材,有效提升品牌传播效果;在 Excel 表格数据处理上,AI 具备强大的数据清洗与分析能力,能够识别模式,预测趋势,为企业的财务规划和经营决策提供数据支撑;至于在 PPT 制作上,AI 可以依据主题内容自动生成设计布局,甚至填充内容,确保演示材料既专业又美观。综上所述,生成式人工智能技术不仅极大地简化了办公流程,增强了团队协作效率,还通过提供定制化的解决方案,促进了业务流程的优化与升级,为企业带来了显著的竞争优势,同时也为个人提供了更多专注于高价值工作的机会,从而在整体上推动了办公环境向更加智能化、高效化的方向发展。

学习目标

(1)能使用大模型生成摘要。

(2)能使用大模型创建营销海报。

(3)能使用大模型处理 Excel 数据。

(4)能使用大模型生成 PPT。

任务 3.1 使用 Kimi 生成报告摘要

任务 3.1
学习助手

任务描述

AI 生成报告摘要不仅极大地节省了人工阅读与总结的时间成本,还减少了因个人理解偏差所带来的信息误差,确保了摘要内容的一致性和客观性。对于企业而言,AI 生成的报告摘要能够帮助管理层迅速掌握项目进展、市场趋势等重要信息,加速决策流程;对于学术研究或日常学习而言,这种技术同样能够助力用户快速筛选出有价值的研究成果或知识点,提升学习效率。总体来说,AI 生成报告摘要的应用促进了信息的有效传递与利用,适应了现代社会对信息处理速度与质量的高要求。

本任务是使用 Kimi 生成报告摘要。

📖 任务解析

使用 Kimi 生成报告摘要相对直接且高效,以下是详细的步骤。

1. 准备阶段

(1)选择平台。可以直接访问 Kimi 的官网,或在应用商店搜索 Kimi 下载 App,也可通过小程序快速访问。

(2)上传文档。进入 Kimi 后,找到上传按钮,将需要处理的报告文档上传至 Kimi。Kimi 支持多种格式,包括 PDF、Word、PPT 和 Excel 等,确保报告文档格式被支持。

2. 设置偏好

(1)阅读偏好提示词。如果有特定的阅读需求,例如只想提取某部分的摘要,可以简单设置你的阅读偏好提示词。这些提示词将帮助 Kimi 更准确地理解你的需求,从而定制化处理文档。

(2)详细需求描述。对于报告摘要的生成,可能需要提供更详细的需求描述,如希望摘要包含哪些关键信息、以何种形式呈现(如无序列表、段落形式等)、是否需要包含结论或建议等。

3. 生成摘要

(1)执行生成。一切就绪后,单击生成摘要的按钮,Kimi 会在几秒内根据你的要求提供报告摘要。这个过程是自动的,能够节省你翻阅文档的时间,并让你迅速抓住报告的重点。

(2)预览与调整。生成摘要后,预览摘要内容,检查是否满足你的需求。如果不满意,可以返回上一步重新设置偏好或调整需求描述,然后再次生成摘要。

4. 导出与保存

(1)导出摘要。确认摘要内容无误后,可以选择将摘要导出为特定格式的文件,如 Word、PDF 等,以便后续使用或分享。

(2)保存记录。为了未来可能的参考或修改需要,建议保存好在 Kimi 中设置的需求描述和生成的摘要记录。

📜 任务实现

1. 登录平台

输入网址 https://kimi.moonshot.cn/,进入 Kimi 大模型官网,上传待生成摘要的报告(以生成式人工智能报告为例)到 Kimi 平台,输入提示词并提交,如图 3.1 所示。

> 请仔细阅读上传文件,帮我写一段生成式人工智能报告摘要,字数不少于 300 字。

生成报告摘要,内容如下。

图 3.1　输入提示词

生成式人工智能（Generative AI）是人工智能领域的一个重要分支，它通过算法、模型和规则生成文本、图片、声音、视频和代码等新内容。与传统 AI 不同，生成式 AI 能够学习并模拟事物的内在规律，创造具有逻辑性和连贯性的新内容。2022 年末，OpenAI 推出的 ChatGPT 在文本生成领域取得了显著进展。2023 年是生成式 AI 技术突破的一年。同年，中国完成了多项关于生成式 AI 的管理办法和国际标准的制定，以促进其健康发展和规范应用。

截至 2024 年 8 月，中国上线的生成式 AI 服务大模型数量超过 190 个，注册用户超过 6 亿。这些技术在教育、研究、医疗、金融等多个行业具有广泛的应用前景，但同时也存在被滥用的风险，如诈骗、政治造谣等。预计到 2025 年年底，生成式 AI 将占所有生成数据的 10%，目前这一比例还不到 1%。

生成式 AI 的发展引起了学界的广泛关注，学者讨论了其伦理法律风险，包括偏见和歧视问题、信息误导、个人信息泄露等。此外，生成式 AI 的应用还可能对就业市场和社会结构产生深远影响，造成社会不平等和阶层固化。在国际竞争中，AI 已成为新的焦点，同时对低碳转型目标的实现也带来了新的挑战。

2024 年 2 月，广州互联网法院对生成式 AI 服务侵犯著作权的案件做出了判决，这是全球首例相关案件的生效判决，进一步凸显了生成式 AI 在法律层面的挑战和重要性。随着技术的不断进步和应用的深入，生成式 AI 将继续在各个领域发挥重要作用，同时也需要更多的研究和政策制定来确保其安全、合规和符合伦理。

2. 优化摘要

以上生成的摘要内容不是很简洁，让 Kimi 进一步优化摘要内容。可以在输入框中输入提示词"请对生成的摘要进一步简化，字数控制在 300 左右"，如图 3.2 所示。

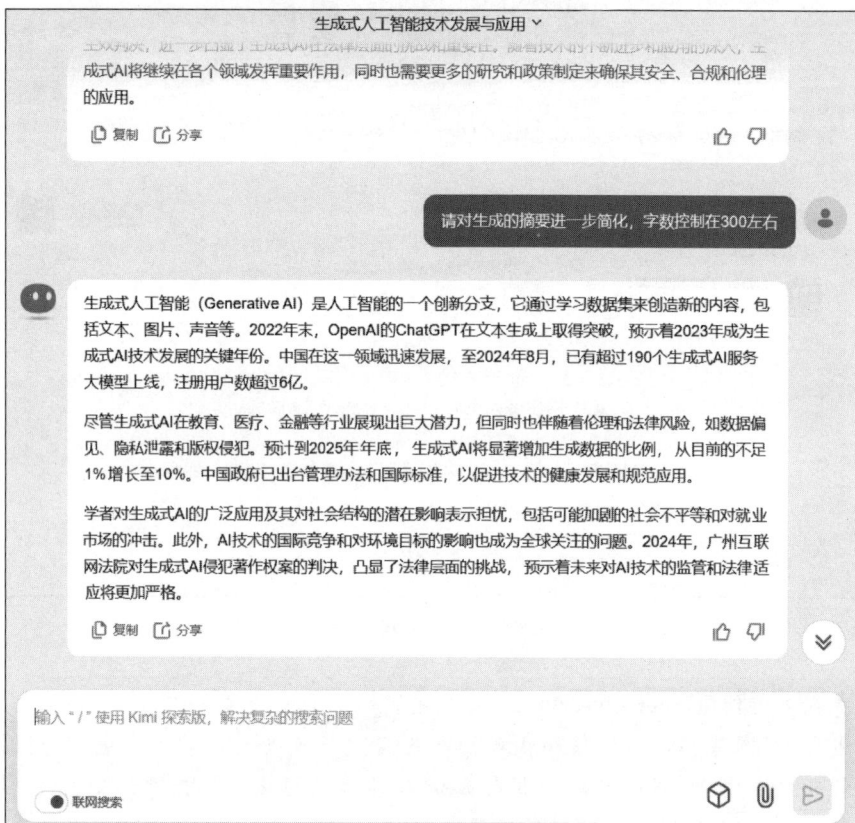

图 3.2　优化摘要提示词

优化生成的报告摘要，内容如下。

生成式人工智能（Generative AI）是人工智能的一个创新分支，它通过学习数据集来创造新的内容，包括文本、图片、声音等。2022 年末，OpenAI 的 ChatGPT 在文本生成上取得突破，预示着 2023 年将成为生成式 AI 技术发展的关键年份。中国在这一领域迅速发展，至 2024 年 8 月，已有超过 190 个生成式 AI 服务大模型上线，注册用户数超过 6 亿。

尽管生成式 AI 在教育、医疗、金融等行业展现出巨大潜力，但同时也伴随着伦理和法律风险，如数据偏见、隐私泄露和版权侵犯。预计到 2025 年年底，生成式 AI 将显著增加生成数据的比例，从目前的不足 1% 增长至 10%。中国政府已出台管理办法和国际标准，以促进技术的健康发展和规范应用。

学者对生成式 AI 的广泛应用及其对社会结构的潜在影响表示担忧，包括可能加剧的社会不平等和对就业市场的冲击。此外，AI 技术的国际竞争和对环境目标的影响也成为全球关注的问题。2024 年，广州互联网法院对生成式 AI 侵犯著作权案的判决，凸显了其在法律层面的挑战，预示着未来对 AI 技术的监管和法律适应将更加严格。

任务 3.2　使用智谱清言创建营销海报

任务 3.2
学习助手

📚 任务描述

　　AI 创建营销海报能够快速、高效地生成定制化设计方案，不仅显著缩短设计周期和降低成本，还能依据大数据分析提供更具针对性和创意性的视觉内容，有效提升营销活动的吸引力和转化率。

　　本任务是使用智谱清言创建汽车营销海报。

📚 任务解析

　　使用智谱清言创建汽车营销海报，包含以下步骤。

1. 登录与准备

（1）登录账号。打开智谱清言的网页或 App，并使用账号登录。

（2）了解平台。初次使用时，可浏览平台上的作品和介绍，了解平台的功能和特性。

2. 选择功能

使用 AI 画图功能，AI 画图页面有很多精选工具，如 AI 消除、局部重绘等。

3. 设置海报参数

（1）海报主体。确定海报主体，设置海报画面主体描述，如"一枝晶莹剔透的茶花"。

（2）海报背景。确定海报背景，设置背景描述，如"蔚蓝的天空"。

（3）海报风格。根据营销海报的风格需求，设置合适的画面类型，如"平面插画"。

（4）设置比例。根据海报的使用场景（如社交媒体、线下展示等），设置合适的比例（竖图、方图、横图）。

（5）设置创作数量。根据需要，设置一次性生成的海报数量。

4. 生成与预览

（1）生成海报。设置好所有参数后，单击"发送"按钮，AI 将开始根据输入的创意和参数进行海报创作。

（2）预览海报。生成的海报将展示在屏幕上，用户可以进行预览。如果不满意，可以重新调整参数并再次生成。

5. 编辑与优化

（1）图片编辑。如果需要，可以对生成的海报进行编辑。文心一格提供了图片裁剪、旋转、滤镜效果等编辑功能，用户可以根据需要进行调整。

（2）文字编辑。添加或修改海报上的文字内容，确保文字与海报主题相符，并具有良好的视觉效果。

（3）整体调整。调整海报的整体布局、色彩搭配等，确保海报的协调性和美感。

6. 保存与分享

（1）保存海报。将编辑好的海报保存到本地设备，以便后续使用或打印。

（2）分享海报。通过社交平台、电子邮件等方式将海报分享给目标受众，以达到营销目的。

任务实现

1. 登录平台

输入网址 https://chatglm.cn/，打开智谱清言官网，单击右上角进行登录，登录成功后，单击"AI画图"按钮，然后进行海报创作，如图 3.3 所示。

图 3.3　智谱清言海报创作界面

2. 设置海报参数

在输入框中，设置汽车营销海报的相关参数，输入提示词"请帮我绘制汽车营销海报，海报的主体是一辆黑色的轿车，海报的背景是蜿蜒崎岖的公路，海报风格采用平面插画，海报比例设置竖版、底部布局，生成海报的数量是 4 张"。

3. 单击生成

完成上述设置后，单击"发送"按钮，开始创作，生成后的海报如图 3.4 所示。

图 3.4　智谱清言创作的营销海报

4. 编辑

如果对生成海报不满意,可以进行重新生成或者编辑生成的海报。AI 画图提供了局部消除、AI 消除、AI 滤镜 3 种编辑功能,可以根据需求对生成的海报进行编辑调整。

5. 保存

将编辑好的图片保存到计算机或手机中,以便后续打印或展示。

任务 3.3 使用 WPS AI 处理 Excel 表格数据

任务描述

WPS AI 能智能写公式处理 Excel 数据,它可以自动识别并应用正确的计算规则,从而帮助用户快速准确地完成数据分析与汇总任务,减少了手动输入公式的复杂性和出错概率,使得处理数据变得更加高效和可靠。这不仅节省了时间,还让用户能更专注于数据背后的意义和业务洞察,而非烦琐的数据处理过程。

任务 3.3
学习助手

本任务是使用 WPS AI 处理 Excel 表格数据,以查询成绩为例。

任务解析

WPS AI 写公式的功能非常强大,本任务仅以查询成绩为例。WPS AI 处理 Excel 数据的步骤如下。

1. 使用 WPS 打开 Excel 表格

启动 WPS Office 软件,新建一个 Excel 表格或在已有表格中操作。

2. 输入数据

在 Excel 表格中输入或准备好需要处理的数据。

3. 输入指令

先单击待生成公式的单元格,再单击工具中的 WPS AI,选择 AI 写公式,在弹出的窗体中输入想要 AI 执行的公式编写或数据处理指令。例如,如果想要统计某列数据的总和,可以输入类似"统计 B 列的总和"的指令。

4. 发送指令并等待 AI 处理

单击发送指令的按钮,然后等待 WPS AI 解析指令并处理数据。

5. 查看并应用 AI 生成的公式

WPS AI 会根据指令生成相应的公式或处理结果。可以在对话框中查看这些公式或结果,并决定是否将其应用到 Excel 表格中。如果需要应用,可以单击"完成"按钮执行。

6. 验证结果

在应用 AI 生成的公式后,建议验证一下结果是否正确,以确保数据处理的准确性。

任务实现

本任务使用的 Excel 表格数据如图 3.5 所示。

图 3.5　Excel 表格数据

1. 使用 WPS 打开 Excel 表格

启动 WPS Office 软件，新建一个 Excel 表格。

2. 输入数据

按照图 3.5 输入表格数据。

3. 输入指令

先单击待生成公式的单元格，再单击工具中的 WPS AI，选择"AI 写公式"，如图 3.6 所示。

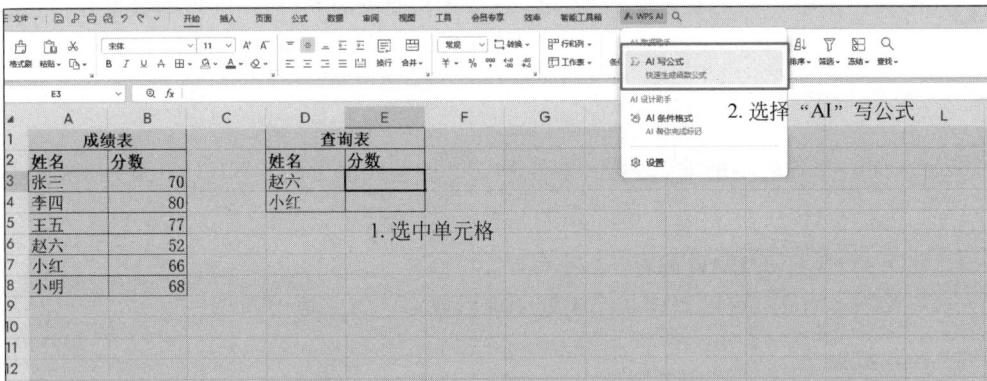

图 3.6　选择 AI 写公式

在弹出的窗体中输入处理指令"查找 D3 与 A 列相同的值，并返回 B 列的值"，如图 3.7 所示。

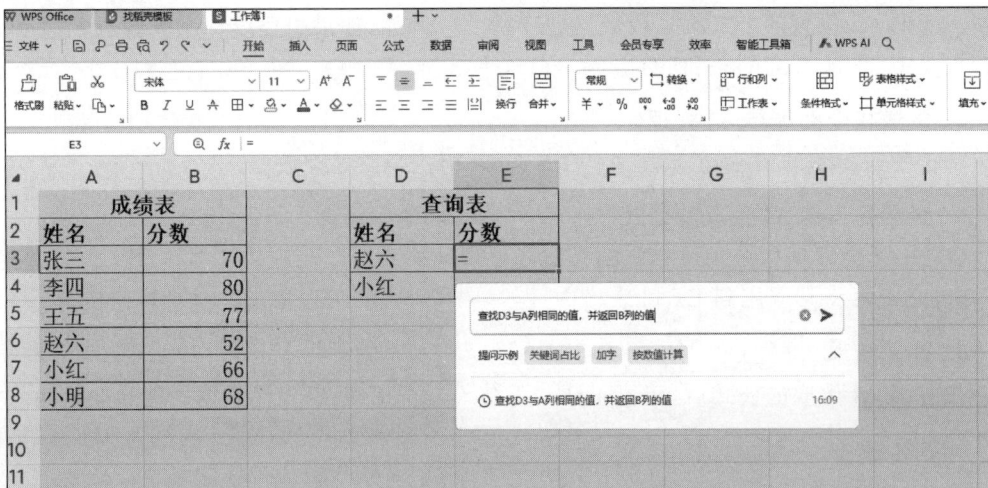

图 3.7　输入指令

4. 查看并应用 AI 生成的公式

WPS AI 会根据指令生成相应的公式或处理结果。如果需要应用，可以单击"完成"按钮执行。生成的公式为"IFERROR(VLOOKUP(D4,CHOOSE({1,2},＄A＄3：＄A＄8，＄B＄3：＄B＄8),2,FALSE),"")"，如图 3.8 所示。

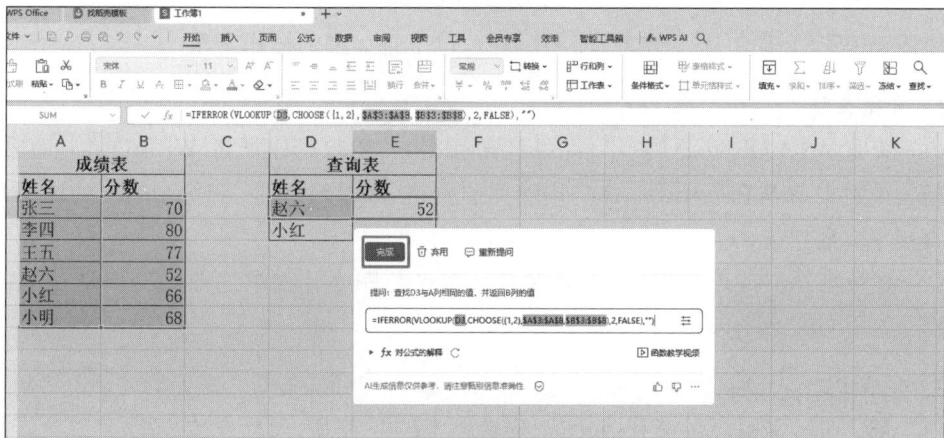

图 3.8　生成公式截图

5. 验证结果

在应用 AI 生成的公式并验证结果没问题后，进行下拉公式操作实现批量填充，如图 3.9 所示。

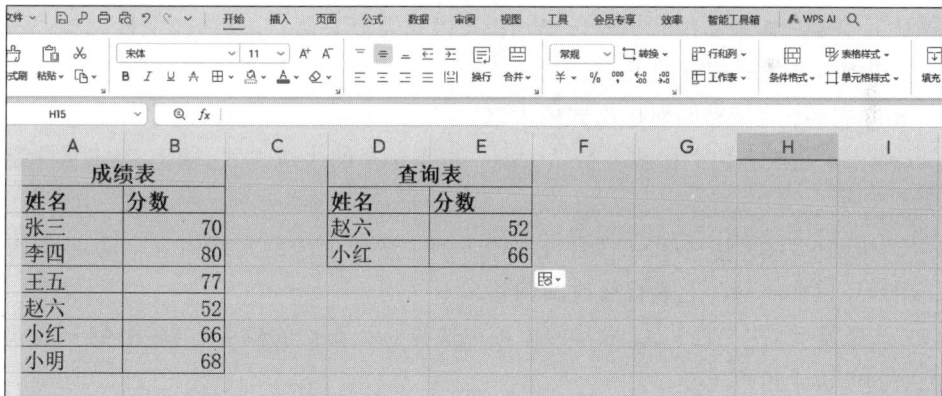

图 3.9　Excel 处理完成所有数据

任务 3.4　使用 WPS AI 生成 PPT

任务 3.4
学习助手

任务描述

使用 AI 生成 PPT（演示文稿）能显著提高工作效率，通过自动化设计布局、图表生成以及内容优化等过程，帮助用户快速创建专业且视觉效果出众的演示文稿。这种方式不仅节省了制作 PPT 所需的时间,还确保了即使是没有设计背景的用户也能制作出美观、统一风格的幻灯片,使得信息传递更为有效。

本任务是使用 WPS AI 生成 PPT,以生成式人工智能 PPT 为例。

任务解析

使用 WPS AI 生成 PPT 相对简洁且高效,以下是详细的操作步骤。

1. 准备工作

(1) 获取 WPS Office AI 资格(如果尚未获得)。用户可以通过 WPS Office 的官方网站或相关渠道申请 WPS Office AI 的内测体验资格,如果已经是 WPS Office 的注册用户,可能直接享有此功能。

(2) 登录账号。打开 WPS Office,并登录自己的账号。如果之前已经申请过 AI 的账号,登录后 AI 功能将自动就位。

2. 生成 PPT

(1) 新建演示文稿。在 WPS Office 中单击"新建"按钮,然后选择"演示"选项,创建一个新的 PPT 文档。

(2) 选择 AI 生成 PPT。直接在菜单栏找到"AI 生成 PPT"选项卡并单击。

(3) 选择生成方式。在 WPS AI 界面中有以下 3 种生成方式。

① 输入内容:直接在输入框中输入 PPT 的主题或大纲,WPS AI 会根据输入的主题自动生成 PPT 的大纲和内容。

② 上传文档:如果已经有了一份 Word 文档或类似文档,可以选择上传文档,WPS AI 会识别文档内容并生成相应的 PPT。

③ 粘贴大纲:直接粘贴对应格式的大纲。

(4) 输入主题或上传文档或者粘贴大纲。根据选择的生成方式,输入 PPT 的主题或上传相应的文档。

(5) 生成 PPT 大纲。WPS AI 会根据输入的主题或上传的文档内容自动生成 PPT 的大纲。用户可以在此基础上进行修改和调整。

(6) 选择模板。从 WPS AI 推荐的模板中选择一个喜欢的模板。WPS AI 通常会提供多种风格的模板供用户选择。

(7) 生成并编辑 PPT。单击"生成幻灯片"或类似按钮,WPS AI 会根据选定的模板和大纲生成 PPT。生成后,用户可以对 PPT 进行进一步的编辑和调整,如修改文字内容、调整布局、更换图片等。

3. 保存和分享

(1) 保存 PPT。使用快捷键 Ctrl+S 或单击菜单栏的"保存"按钮来保存 PPT。选择适当的存储位置和文件名进行保存。

(2) 分享 PPT。如果需要,可以将生成的 PPT 分享给同事、朋友或客户。WPS Office 提供了多种分享方式,如通过邮件、云存储服务等。

任务实现

1. 登录账号

打开 WPS Office,并登录自己的账号。

2. 生成 PPT

(1) 新建演示文稿。在 WPS Office 中单击"新建"按钮,然后选择"演示"选项,创建一个新的 PPT 文档。

(2) 选择 AI 生成 PPT。直接在菜单栏找到"AI 生成 PPT"选项卡并单击,如图 3.10 所示。

图 3.10　"AI 生成 PPT"选项卡

(3) 选择生成方式并输入内容。本任务以输入内容这一生成方式为例,在输入框中输入"生成式人工智能",单击"开始生成"按钮,如图 3.11 所示。

图 3.11　输入生成内容

（4）生成 PPT 大纲。WPS AI 会根据输入的主题或上传的文档内容自动生成 PPT 的大纲。用户可以在此基础上进行修改和调整，如图 3.12 所示。

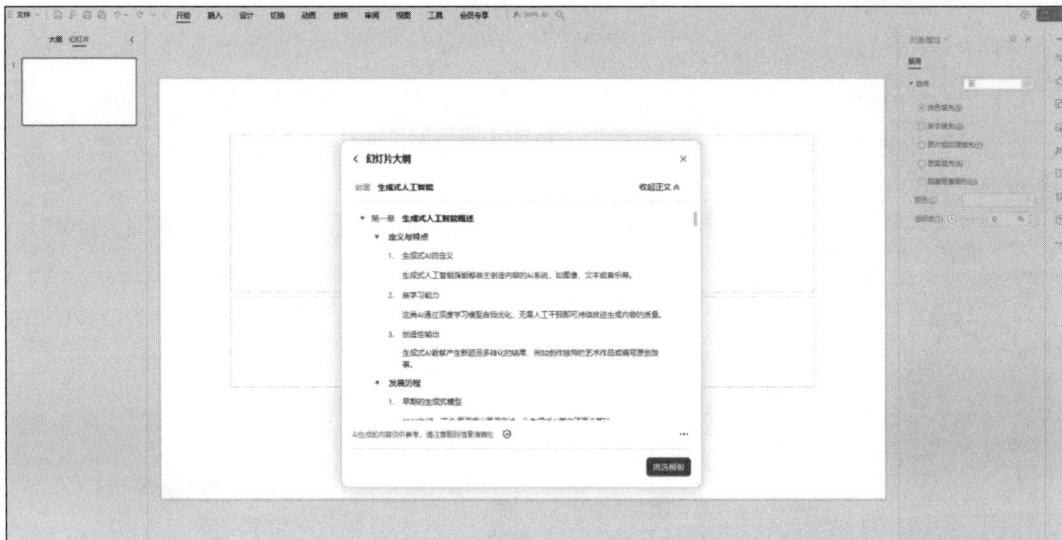

图 3.12　生成 PPT 大纲

（5）选择模板。从 WPS AI 推荐的模板中选择一个喜欢的模板，如图 3.13 所示。

图 3.13　选择模板

（6）生成并编辑 PPT。单击"创建幻灯片"按钮，WPS AI 会根据选定的模板和大纲生成 PPT。生成后，用户可以对 PPT 进行进一步的编辑和调整，如修改文字内容、调整布局、更换图片等，如图 3.14 所示。

图 3.14　生成后的 PPT

任务 3.5　使用 DeepSeek 助力课堂教学

任务 3.5
学习助手

任务描述

使用生成式人工智能大模型进行课堂教学设计，可以显著加快教学资源的准备过程，减少手动创建教案、课件和评估材料的时间消耗。AI 大模型能够自动生成符合教学需求的内容，帮助教师快速构建课程框架，优化教学流程，从而使教师有更多的时间专注于教学策略的创新和对学生个性化需求的关注，整体上提升教学效率，同时减轻教师的办公负担。

本任务是借助 DeepSeek 大模型，帮助初中语文教师对《济南的冬天》这篇课文进行教学设计，提升教学效率。

任务解析

使用 DeepSeek 对《济南的冬天》这篇课文进行教学设计，可以围绕下面几个内容展开。

1. 准备阶段

（1）明确教学目标。根据《济南的冬天》的课文内容和教学要求，确定教学目标，如理解作者抓住主要景物的主要特征进行的细致描绘、情景交融的表达方式。

（2）设计教学框架。规划教学的主要环节和步骤，如导入、新课讲授、互动环节、练习巩固等。

2. 生成教学资源

（1）利用 DeepSeek 生成教案框架。输入课程主题、教学目标等信息，让 DeepSeek 生成结构清晰、内容丰富的教案框架。

（2）生成课文讲解材料。可以请求 DeepSeek 提供关于《济南的冬天》的详细讲解，包括作者背景、文章结构、修辞手法等。

（3）制作互动环节。设计一些与课文相关的互动问题或活动，如角色扮演、小组讨论等,并请 DeepSeek 提供相关的引导语或问题提示。

3. 智能出题

(1)确定出题范围。根据教学目标和课文内容,确定需要考查的知识点。

(2)使用 DeepSeek 生成练习题。输入具体的出题要求,如题型、难度、考查点等,让 DeepSeek 生成相应的练习题,可以包括选择题、填空题、阅读理解题等。

(3)导出练习题。将生成的练习题导出为 Word 或 PDF 格式,方便打印和分发给学生。

4. 教学实施与反馈

(1)在课堂上使用 DeepSeek 生成的教学资源和练习题进行教学,观察学生的学习反应和效果。

(2)收集学生的反馈意见,了解他们对 DeepSeek 生成的教学资源的接受程度和满意度。

(3)根据学生的反馈和教学效果,对教学设计进行调整和优化。

任务实现

1. 新建 DeepSeek 对话

输入网址 https://www.DeepSeek.com/,进入 DeepSeek 官方网站,单击"开始对话"选项,新建对话,如图 3.15 所示。

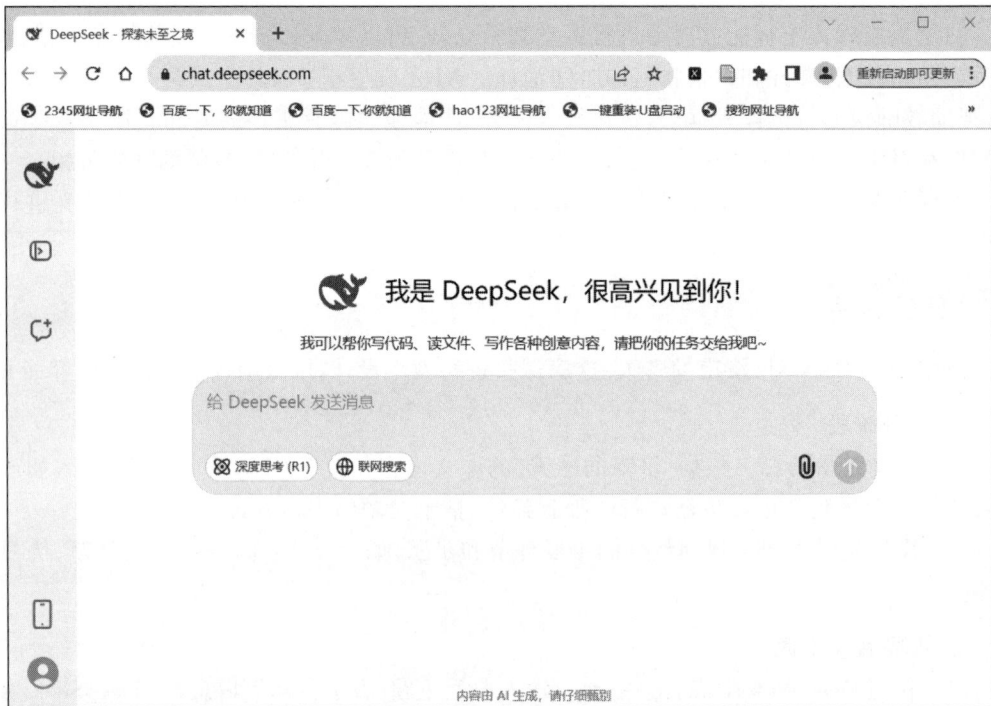

图 3.15　新建 DeepSeek 对话

2. 生成教学设计方案

在对话框中输入提示词,生成教学设计方案,如图 3.16 所示。

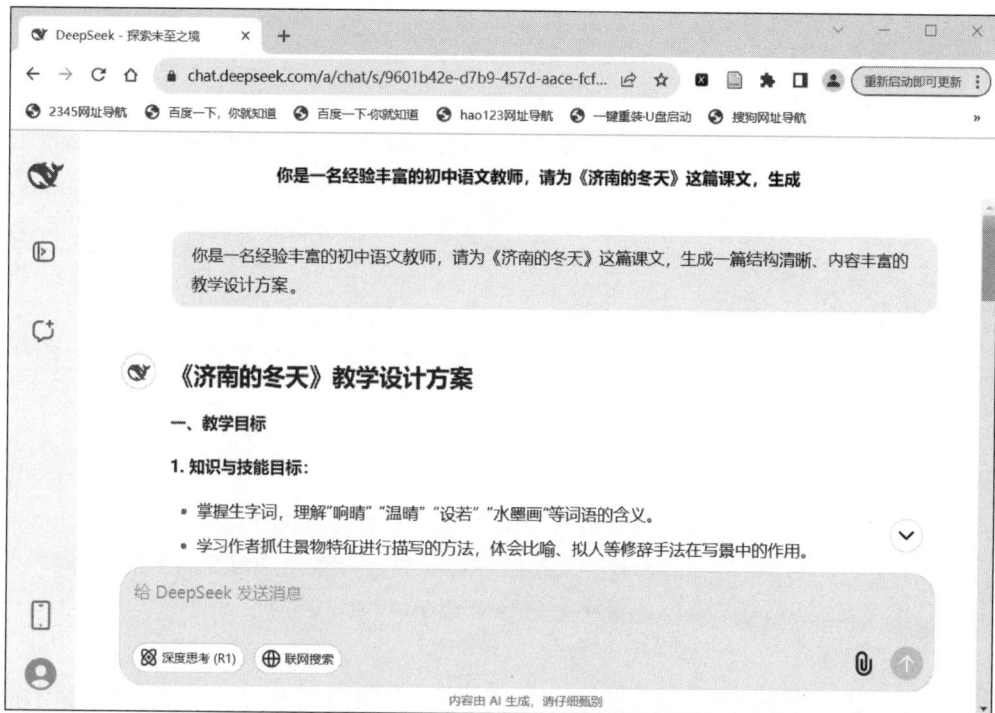

图 3.16　生成教学设计方案

提示词内容参考如下。

你是一名经验丰富的初中语文教师，请为《济南的冬天》这篇课文，生成一篇结构清晰、内容丰富的教学设计方案。

生成的教学设计方案内容如下。

##《济南的冬天》教学设计方案
一、教学目标
1. 知识与技能目标：
* 掌握生字词，理解"响晴""温晴""设若""水墨画"等词语的含义。
* 学习作者抓住景物特征进行描写的方法，体会比喻、拟人等修辞手法在写景中的作用。
* 有感情地朗读课文，背诵精彩段落。
2. 过程与方法目标：
* 通过朗读、品味、讨论等方式，引导学生感受济南冬天的独特魅力，体会作者对济南冬天的喜爱和赞美之情。
* 学习作者运用多种修辞手法和对比手法描写景物的方法，并尝试运用到自己的写作中。
3. 情感态度与价值观目标：
* 感受作者对祖国山河的热爱之情，激发学生对自然、对生活的热爱。

* 培养学生热爱祖国语言文化的情感,提高学生的审美情趣。

二、教学重难点

1. 教学重点:

* 学习作者抓住景物特征进行描写的方法,体会比喻、拟人等修辞手法在写景中的作用。

* 感受济南冬天的独特魅力,体会作者对济南冬天的喜爱和赞美之情。

2. 教学难点:

* 理解作者如何通过对比手法突出济南冬天的"温晴"特点。

* 学习作者运用多种修辞手法和对比手法描写景物的方法,并尝试运用到自己的写作中。

三、教学过程

(一)导入新课(5分钟)

1. 播放济南冬天的图片或视频,引导学生感受济南冬天的独特魅力。

2. 提问:同学们,你们印象中的冬天是怎样的? 济南的冬天又有什么不同呢?

3. 引出课题《济南的冬天》,并简要介绍作者老舍。

(二)初读课文,整体感知(10分钟)

1. 学生自由朗读课文,要求读准字音,读通句子。

2. 检查生字词预习情况,重点讲解"响晴""温晴""设若""水墨画"等词语的含义。

3. 提问:课文主要写了济南冬天的哪些景物? 这些景物有什么特点?

4. 引导学生概括课文主要内容,并理清文章结构。

(三)精读课文,品味语言(20分钟)

1. **品味"温晴"特点:**

　　* 引导学生找出描写济南冬天"温晴"特点的语句,并进行分析。

　　* 重点赏析"一个老城,有山有水,全在天底下晒着阳光,暖和安适地睡着,只等春风来把它们唤醒"等句子,体会作者运用拟人手法,将济南冬天写得温暖舒适、充满生机。

　　* 引导学生思考:作者是如何通过对比手法突出济南冬天的"温晴"特点的?

2. **品味"山"的特点:**

　　* 引导学生找出描写济南冬天"山"的语句,并进行分析。

　　* 重点赏析"小山整把济南围了个圈儿,只有北边缺着点口儿。这一圈小山在冬天特别可爱,好像是把济南放在一个小摇篮里,它们安静不动地低声地说:'你们放心吧,这儿准保暖和。'"等句子,体会作者运用比喻、拟人手法,将济南的山写得温柔可爱、充满温情。

　　* 引导学生思考:作者是如何将济南的山写得如此温柔可爱的?

3. **品味"水"的特点:**

　　* 引导学生找出描写济南冬天"水"的语句,并进行分析。

　　* 重点赏析"那水呢,不但不结冰,倒反在绿萍上冒着点热气,水藻真绿,把终年贮蓄的绿色全拿出来了。"等句子,体会作者运用拟人手法,将济南的水写得生机勃勃、充满活力。

　　*引导学生思考：作者是如何将济南的水写得如此生机勃勃的？
　　（四）拓展延伸，深化理解(10分钟)
　　1. 引导学生思考：作者为什么能把济南的冬天写得如此生动形象？
　　2. 总结作者的写作方法：抓住景物特征，运用比喻、拟人等修辞手法，进行生动形象的描写。
　　3. 引导学生联系生活实际，谈谈自己家乡冬天的特点，并尝试运用所学方法进行描写。
　　（五）布置作业(5分钟)
　　1. 有感情地朗读课文，背诵精彩段落。
　　2. 模仿课文写法，写一篇描写家乡冬天景色的短文，要求抓住景物特征，运用比喻、拟人等修辞手法，进行生动形象的描写。
　　四、板书设计

　　济南的冬天
　　温晴： 阳光、暖和、安适
　　山： 温柔、可爱、温情
　　水： 生机、活力、绿意
　　写作方法： 抓住特征、运用修辞、生动形象
　　五、教学反思
本节课的教学设计，注重引导学生通过朗读、品味、讨论等方式，感受济南冬天的独特魅力，体会作者对济南冬天的喜爱和赞美之情。同时，注重引导学生学习作者的写作方法，并尝试运用到自己的写作中。在教学过程中，要注意引导学生积极参与，激发学生的学习兴趣，提高学生的语文素养。

3. 使用 DeepSeek 答疑解惑

DeepSeek 是一位很优秀的老师，当遇到课文中的一些难题时，可以向 DeepSeek 进行询问。下面是和 DeepSeek 进行的一些问答内容。

问题如下。

课文中，雪后山景"妙"在哪些地方？请简要回答，不超过500字。

回答如下。

《济南的冬天》一文中，雪后山景的"妙"主要体现在以下几个方面。
　　(1) 色彩对比鲜明。雪后的山景，山尖全白了，给蓝天镶上一道银边，这种色彩的对比使得山景更加鲜明生动，给人以视觉上的美感。
　　(2) 形态变化多端。山坡上，有的地方雪厚点，有的地方草色还露着，这样一道儿白，一道儿暗黄，给山们穿上一件带水纹的花衣。这种形态的变化，使得山景更加丰富多彩，充满了动态美。
　　(3) 光影效果独特。等到快日落的时候，微黄的阳光斜射在山腰上，那点薄雪好像忽然

害了羞,微微露出点粉色。这种光影的变化,使得山景在不同的时间段呈现出不同的风貌,增添了神秘感和诗意。

(4)情感表达深刻。雪后山景的描写,不仅仅是自然景观的再现,更是作者情感的寄托。通过对雪后山景的细腻描绘,表达了作者对济南冬天的喜爱和赞美之情,以及对自然美景的无限向往和热爱。

(5)修辞手法运用。作者运用了拟人、比喻等修辞手法,如"山们穿上一件带水纹的花衣""那点薄雪好像忽然害了羞",这些修辞手法的运用,使得雪后山景更加生动形象,增强了语言的表现力和感染力。

综上所述,雪后山景的"妙"在于其色彩、形态、光影的独特变化,以及深刻的情感表达和巧妙的修辞手法运用,共同构成了一幅美丽的冬日山景图,给人以美的享受和情感的共鸣。

问题如下。

假如你是一位导游,在冬天带领游客来济南追随老舍的足迹,请你设计一段导游词。(可选择《济南的冬天》中的任一景点写)

回答如下。

各位亲爱的游客朋友们,大家好!欢迎来到美丽的泉城——济南。今天,我们将一起追随文学大师老舍先生的足迹,去感受他笔下那温婉动人的济南冬天。

我们的第一站是济南的山。在老舍先生的《济南的冬天》中,他这样描绘济南的山:"小山整把济南围了个圈儿,只有北边缺着点口儿。这一圈小山在冬天特别可爱,好像是把济南放在一个小摇篮里。"现在,请大家随我一起登上这座小山,去体验那份特别的可爱。

站在山顶,放眼望去,整个济南城尽收眼底。冬天的济南,阳光明媚,天空湛蓝,而我们的脚下,是一片片被阳光晒得暖洋洋的土地。这里的山,不像北方的山那样雄伟壮观,也不像南方的山那样秀丽多姿,它们更像是一位位温柔的母亲,用她们温暖的怀抱,守护着这座古老而又充满活力的城市。

大家请看,山坡上的雪,有的地方厚,有的地方薄,形成了一道道自然的纹理,就像是大自然亲手为这些山们穿上了一件带水纹的花衣。而当夕阳西下,金色的阳光洒在山腰上,那层薄薄的雪仿佛害羞了,微微泛起了粉色,这样的景致,是不是让人心旷神怡,仿佛置身于童话世界?

在这里,我们不仅可以欣赏到济南冬天特有的山景,还可以感受到老舍先生对这座城市深深的眷恋。他用笔触捕捉了济南冬天的灵魂,让我们即使在寒冷的季节,也能感受到一份温暖和宁静。

好了,亲爱的朋友们,让我们继续我们的旅程,去探索更多济南冬天的秘密,去体验更多老舍先生笔下的美景。请大家随我一起,用心去感受,用眼去发现,让我们的心灵在这片古老而又现代的土地上,得到一次彻底的洗礼和升华。谢谢大家!

4. 使用 DeepSeek 生成练习题

使用 DeepSeek 也可以帮助教师生成练习题。在输入框中输入提示词,DeepSeek 就可以快速按提示词的要求生成需要的题目,如图 3.17 所示。

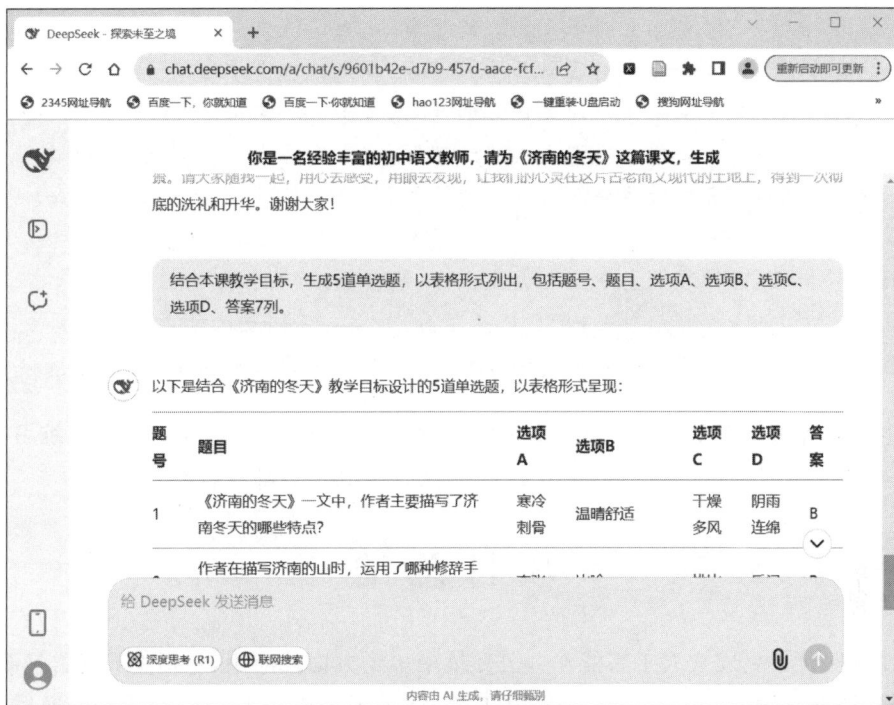

图 3.17　生成练习题

提示词参考如下。

> 结合本课教学目标,生成 5 道单选题,以表格形式列出,包括题号、题目、选项 A、选项 B、选项 C、选项 D、答案 7 列。

生成练习题内容如下。

以下是结合《济南的冬天》教学目标设计的 5 道单选题,以表格形式呈现:

题号	题目	选项 A	选项 B	选项 C	选项 D	答案
1	《济南的冬天》一文中,作者主要描写了济南冬天的哪些特点?	寒冷刺骨	温晴舒适	干燥多风	阴雨连绵	B
2	作者在描写济南的山时,运用了哪种修辞手法?	夸张	比喻	排比	反问	B
3	文中"小山整把济南围了个圈儿,只有北边缺着点口儿"这句话,主要表现了济南山的什么特点?	高大险峻	温柔可爱	荒凉孤寂	神秘莫测	B
4	作者描写济南的水时,提到"水藻真绿,把终年贮蓄的绿色全拿出来了",这表现了济南水的什么特点?	清澈见底	生机勃勃	冰冷刺骨	波涛汹涌	B
5	通过学习《济南的冬天》,我们可以学习到作者怎样的写作方法?	平铺直叙	抓住景物特征,运用修辞手法	堆砌辞藻	虚构夸张	B

题目解析：

1. **第一题** 考查学生对课文内容的理解，重点是济南冬天的"温晴"特点。
2. **第二题** 考查学生对修辞手法的掌握，重点是比喻手法的运用。
3. **第三题** 考查学生对课文内容的理解，重点是济南山的"温柔可爱"特点。
4. **第四题** 考查学生对课文内容的理解，重点是济南水的"生机勃勃"特点。
5. **第五题** 考查学生对写作方法的掌握，重点是抓住景物特征，运用修辞手法。

设计意图：

* 题目紧扣教学目标，考查学生对课文内容、修辞手法、写作方法的掌握情况。
* 题目难度适中，既有基础题，也有提高题，能够满足不同层次学生的学习需求。
* 题目形式多样，能够激发学生的学习兴趣，提高学生的语文素养。

从生成内容可以看出，DeepSeek 不仅按要求生成了练习题，而且针对每个练习题进行了解析，最后把题目的设计意图也列出来了，极大地提高了教师的备课效率。

项 目 总 结

本项目探讨了生成式人工智能在办公环境中多个方面的应用，包括生成报告摘要、创建营销海报、处理 Excel 表格数据及生成 PPT 等，展示了生成式人工智能是如何通过自动化日常任务来提升工作效率，减少错误，并使员工能够集中精力于更具创新性和战略性的工作中的。在报告摘要生成部分，我们通过使用 Kimi，了解到如何上传文档，设置偏好提示词，以及描述详细需求，以自动化生成符合特定要求的报告摘要。这种方法不仅提高了信息处理的速度与质量，还保证了内容的一致性和客观性，对企业决策和个人学习都具有重要意义；在创建营销海报的任务中，我们介绍了如何使用智谱清言这一工具，通过 AI 画图，输入海报的主体和背景描述，设置海报风格等参数，快速生成具有创意和针对性的营销海报。这表明 AI 技术能够帮助企业更有效地吸引目标顾客，提高营销活动的成功率；在处理 Excel 表格数据的任务中，我们说明了通过 WPS Office 集成的 AI 功能，输入简单的自然语言指令即可实现复杂的数据处理工作。这种方式极大地方便了非专业人士进行数据分析，提高了财务规划和经营决策的效率；最后，在生成 PPT 的任务中，我们解释了如何利用 WPS AI 功能，仅通过输入内容或上传文档的方式，就能自动生成设计布局合理、内容丰富的演示文稿。这不仅节约了时间，还确保了即使是缺乏设计经验的用户也能制作出专业的 PPT。

总之，生成式人工智能的应用为办公环境带来了革命性的变化，简化了工作流程，提升了团队协作效率，并通过提供定制化的解决方案促进了业务流程的优化与升级。同时，这也为企业带来了竞争优势，并为员工提供了更多专注于高价值工作的机会。然而，随着技术的发展，相关的伦理法律风险也需要得到重视，未来需要更多的研究和政策来保障生成式人工智能安全、合规地使用。

课后习题

1. 使用大模型生成会议纪要。
2. 使用大模型生成婚礼海报。
3. 使用大模型处理 Excel 表格数据,以查询选修课程为例。
4. 利用大模型生成职业规划 PPT。

项目四

生成式人工智能在写作中的应用

生成式人工智能在写作中的应用广泛且日益重要。首先,它在内容创作方面表现突出,能够生成新闻报道、营销文案以及文学作品,大大提高了写作效率和创意水平;其次,生成式人工智能作为写作辅助工具,可以提供写作建议、自动完成句子,从而帮助作家提升文章质量;此外,生成式人工智能在语言翻译方面的应用,使得多语言写作变得更加便捷,可助力作品全球化传播。在文本校对和编辑环节,生成式人工智能能够进行语法检查、拼写校对,并能根据需要调整文本风格和语气。个性化内容生成则使得根据用户需求定制文章成为可能,增强了读者的参与感。尽管生成式人工智能在写作中带来了诸多便利和创新,但在使用过程中也需要关注伦理和版权问题,确保内容的透明性和责任归属。总之,生成式人工智能在写作中的应用,既拓展了创作的边界,又显著提高了效率,推动了写作领域的变革。

学习目标

(1)了解大模型生成文字的工作原理。

(2)掌握大模型生成文字的主要步骤。

(3)能使用大模型生成散文及小说。

(4)能使用大模型生成广告文案。

(5)能使用大模型阅读并解析文章。

任务 4.1　使用文心一言生成演讲稿

任务 4.1
学习助手

任务描述

以大学生的身份写一篇关于人工智能应用的演讲稿,确保演讲内容易于理解、演讲基调积极向上,能激发听众对人工智能技术的兴趣和信心。

任务解析

演讲在大学中扮演着极其重要的角色,它不仅是一种沟通方式,更是一种学习、成长和展现自我的平台。一篇好的演讲稿,需要学生具备渊博的知识与卓越的表达力,为了精心筹备一场演讲,学生往往需要倾注大量的心血与精力,使用文心一言可以轻松生成一篇高质量的演讲稿。

使用文心一言生成演讲稿的步骤如下。

1．确定合适的提示词

提示词在大模型中也被称为指令，一条好的提示词背后也许是工作中被省掉的 N 个小时，一个优秀的提示词能大大提高我们的工作效率。

一条优秀的提示词＝根据"参考信息"＋完成"动作"＋达成"目标"＋满足"要求"

（1）参考信息。参考信息包含文心一言完成任务时需要知道的必要背景和材料，如报告、知识、数据库、对话上下文等。

（2）动作。动作是指需要文心一言帮你解决的事情，如撰写、生成、总结、回答等。

（3）目标。目标是指需要文心一言帮你生成的目标内容，如答案、方案、文本、图片、视频、图表等。

（4）要求。要求是指需要文心一言遵循的任务细节要求，如按××格式输出、按××语言风格撰写等。

一条优秀的提示词应清晰明确且具有针对性，能够准确引导模型理解并回应你的问题。下面三条提示词写得非常模糊，没有清晰地描述问题，这三条不是优秀的提示词。

- 写一首山和树林的诗。
- 下面的题帮我讲一下。
- 撰写一篇有关大语言模型可信性的论文。

按照优秀提示词的格式，改写这三条提示词如下。

- 请以唐代诗人的身份，在面对黄山云海时，根据已有唐诗数据，撰写一篇作者借由眼前景观感叹人生不得志的七言绝句，并严格满足七言绝句的格律要求。
- 请以高中数学老师的身份，在高中课堂上，根据《高中数学必修一》的内容，逐步解答学生关于集合的数学问题，并给出解题步骤及相关知识点。
- 请根据已发表的关于大语言模型可信性的相关文献，撰写一篇系统梳理大语言模型可行性相关研究现状以及未来挑战的综述论文，并且严格遵循《计算机学报》投稿格式。

2．生成题目

题目是演讲稿的灵魂，一个新颖、有趣或引人深思的题目能够立即抓住听众的注意力，激发他们的好奇心，使他们更愿意继续聆听。文心一言可以帮助演讲者生成一个好的题目。

按照优秀提示词的格式，我们可以通过下面的提示词生成演讲题目。

> 你是一名高校的人工智能专家，有学生想参加学校举办的新技术演讲比赛，演讲内容是关于人工智能的应用，请你帮助该名学生生成演讲题目，要求能明确地反映演讲的主题、能够立即抓住听众的注意力，并激发他们的好奇心。

3．生成大纲

根据演讲题目，生成演讲稿大纲。作者可根据自己的实际情况，对大纲进行优化和改写。

4. 根据大纲生成演讲内容

根据上面生成的大纲,确定提示词,生成演讲内容。

5. 优化生成的演讲内容

第一次生成的演讲内容不一定符合作者的要求,作者可以调整提示词,继续优化和改写演讲内容,直到满足要求为止。

任务实现

1. 生成题目

输入网址 https://yiyan.baidu.com/,打开文心一言网站,在网站的对话框中输入生成演讲题目的提示词,如图4.1所示。

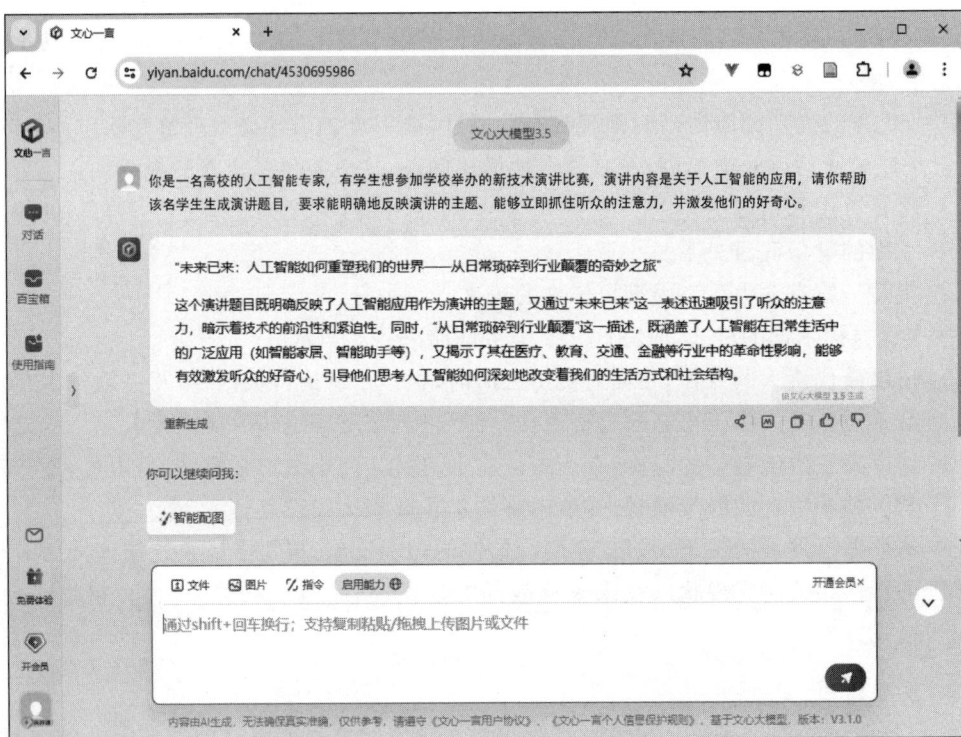

图4.1　输入生成演讲稿题目的提示词

文心一言帮我们生成了一个题目"未来已来:人工智能如何重塑我们的世界——从日常琐碎到行业颠覆的奇妙之旅",并且对题目寓意进行了解释。当然如果感觉题目不适合,可以单击"重新生成"按钮,重新生成。文心一言每次生成的题目是不一样的。

2. 生成大纲

在输入框中输入提示词"根据上面的题目,帮我生成演讲稿的大纲",生成结果如图4.2所示。

因为文心一言具有记忆功能,所以会在上一个提问的基础上生成演讲稿大纲,内容如下。

图 4.2　生成演讲稿大纲

演讲稿大纲

一、引言

开场白：简短介绍人工智能（AI）的基本概念，以及它在当今社会的普及程度。

引入主题：提出"未来已来"的观点，强调人工智能正以前所未有的速度改变着我们的世界。

设定悬念：简述一两个令人惊叹的 AI 应用实例，激发听众的好奇心。

二、人工智能在日常生活中的渗透

智能生活体验：介绍智能家居、智能穿戴设备、语音助手等如何简化生活，提升便利性。

个性化服务：阐述 AI 如何通过数据分析提供个性化推荐，如音乐、购物、健康管理等。

社会互动新方式：探讨 AI 在社交媒体、在线娱乐等方面的应用，以及它如何改变人们的交流方式。

三、人工智能在行业的颠覆性影响

医疗健康：讲述 AI 在疾病诊断、药物研发、个性化医疗等方面的突破，以及它如何提高医疗服务效率和质量。

教育创新：分析 AI 如何个性化教学、智能评估，以及它在远程教育、终身学习平台上的应用。

金融科技：介绍 AI 在风险管理、投资决策、客户服务等方面的应用，以及它对金融行业的重塑。

智能制造与物流：阐述 AI 在自动化生产、智能供应链管理、物流优化等方面的作用，展示其对传统产业的升级。

四、人工智能面临的挑战与未来展望

伦理与法律问题：讨论 AI 发展中的隐私保护、算法偏见、责任归属等伦理和法律挑战。

技术瓶颈与突破：分析当前 AI 技术的局限性，如可解释性、鲁棒性、能耗等问题，并展望未来的研究方向和可能突破。

人机协作的未来：探讨 AI 与人类如何共存、互补，以及未来工作市场的变化。

五、结语

总结要点：回顾 AI 在日常生活和行业中的广泛应用及其带来的变革。

呼吁行动：鼓励听众关注 AI 发展，积极参与讨论，共同塑造一个更加智能、可持续的未来。

展望未来：以积极乐观的态度结束演讲，强调人工智能作为推动社会进步的重要力量，其潜力无限，未来可期。

3. 生成演讲稿内容

生成演讲稿内容有两种方式：第一种是针对演讲稿大纲中的每一小节单独生成演讲内容；第二种是一次性生成演讲内容。

（1）每一小节单独生成演讲内容。如果演讲稿内容比较长，可以针对每一小节单独生成演讲内容。如引言，可按照大纲中的描述，使用以下提示词生成内容。

生成引言，要求包含两部分。第一部分是开场白，简短介绍人工智能（AI）的基本概念，以及它在当今社会的普及程度。第二部分引入主题，提出"未来已来"的观点，强调人工智能正以前所未有的速度改变着我们的世界。

其他小节生成内容和引言类似，不再赘述。

（2）一次性生成演讲稿内容。如果演讲稿内容对字数要求不高，可以一次性生成演讲内容，如图 4.3 所示。一次性生成演讲内容，可以使用下面的提示词。

针对上面生成的演讲稿大纲，请生成完整的演讲稿内容，要求使用生动具体的例子来说明人工智能的应用和影响，让听众能够感同身受。

生成内容如下。

演讲稿：未来已来：人工智能如何重塑我们的世界——从日常琐碎到行业颠覆的奇妙之旅

尊敬的评委、老师、同学们：

大家好！今天，我站在这里，带着无比的激动与敬畏，与大家分享一个正以前所未有的速度改变我们世界的力量——人工智能（AI）。我的演讲题目是："未来已来：人工智能如何重塑我们的世界——从日常琐碎到行业颠覆的奇妙之旅"。

一、引言

想象一下，清晨，当第一缕阳光透过窗帘，你的智能音箱已经根据你的习惯播放起了轻柔的音乐，咖啡机自动煮好了一杯香浓的咖啡。这一切，无须你动手，全靠人工智能的精准调度。这，就是AI为我们编织的日常画卷的一角。

二、人工智能在日常生活中的渗透

走进家门，智能家居系统仿佛一位贴心的管家，根据你的喜好调节室内温湿度，甚至在你忘记关灯时，它也能自动完成这项任务。而当我们拿起手机，智能助手早已根据我们的搜索历史和兴趣偏好，推送了个性化的新闻、音乐和购物推荐。这不仅仅是技术的堆砌，更是AI对人性深刻理解的体现。

在社交网络上，AI更是大显身手。它通过分析我们的言行举止，为我们推荐志同道合的朋友，让社交变得更加高效和有趣。同时，AI还在在线娱乐领域发挥着重要作用，无论是智能推荐的电影、音乐，还是基于大数据分析的个性化广告，都让我们的生活变得更加丰富多彩。

三、人工智能在行业的颠覆性影响

然而，AI的影响力远不止于此。在医疗健康领域，它正以前所未有的速度改变着我们的就医体验。想象一下，一位医生借助AI辅助诊断系统，能够在几秒钟内从海量医学文献中找出与患者病情最相似的案例，甚至预测出疾病的发展趋势。这不仅提高了诊断的准确率，还大大节省了患者等待的时间。

在教育领域，AI同样发挥着巨大的作用。通过个性化教学系统，AI能够根据学生的学习进度和能力水平，为他们量身定制学习计划。同时，智能评估系统能够实时反馈学生的学习成果，帮助他们及时调整学习策略。这种因材施教的教学方式，让每个孩子都能享受到最适合自己的教育。

在金融科技领域，AI的应用更是令人瞩目。它不仅能够快速分析市场数据，为投资者提供精准的投资建议，还能在风险管理方面发挥重要作用。通过智能风控系统，金融机构能够实时监测潜在的欺诈行为，保障客户的资金安全。

而在智能制造与物流领域，AI的应用更是将传统行业推向了新的高度。通过自动化生产线和智能供应链管理系统，企业能够实现生产过程的精准控制和物流环节的优化调度。这不仅提高了生产效率，还降低了运营成本，为企业的可持续发展奠定了坚实基础。

四、人工智能面临的挑战与未来展望

然而，AI的发展并非一帆风顺。随着其应用的深入，一系列伦理和法律问题逐渐浮出水面。如何保护个人隐私？如何避免算法偏见？如何界定AI的责任归属？这些问题都需要我们共同思考和解决。

同时，AI技术本身也面临着诸多挑战。如何提高算法的可解释性？如何增强系统的鲁棒性？如何降低能耗？这些都是当前AI领域亟待解决的问题。但正是这些挑战，推动着AI技术的不断进步和发展。

展望未来，我坚信人工智能将继续以其独特的魅力影响并改变着我们的世界。它将成为我们生活中不可或缺的一部分，与我们一起探索未知、创造未来。同时，我也呼吁大家积极关注 AI 的发展动态,参与相关讨论和研究工作,共同为构建一个更加智能、和谐的社会贡献自己的力量。

五、结语

最后,我想说:"未来已来,让我们携手共进,迎接人工智能带来的美好明天!"谢谢大家!

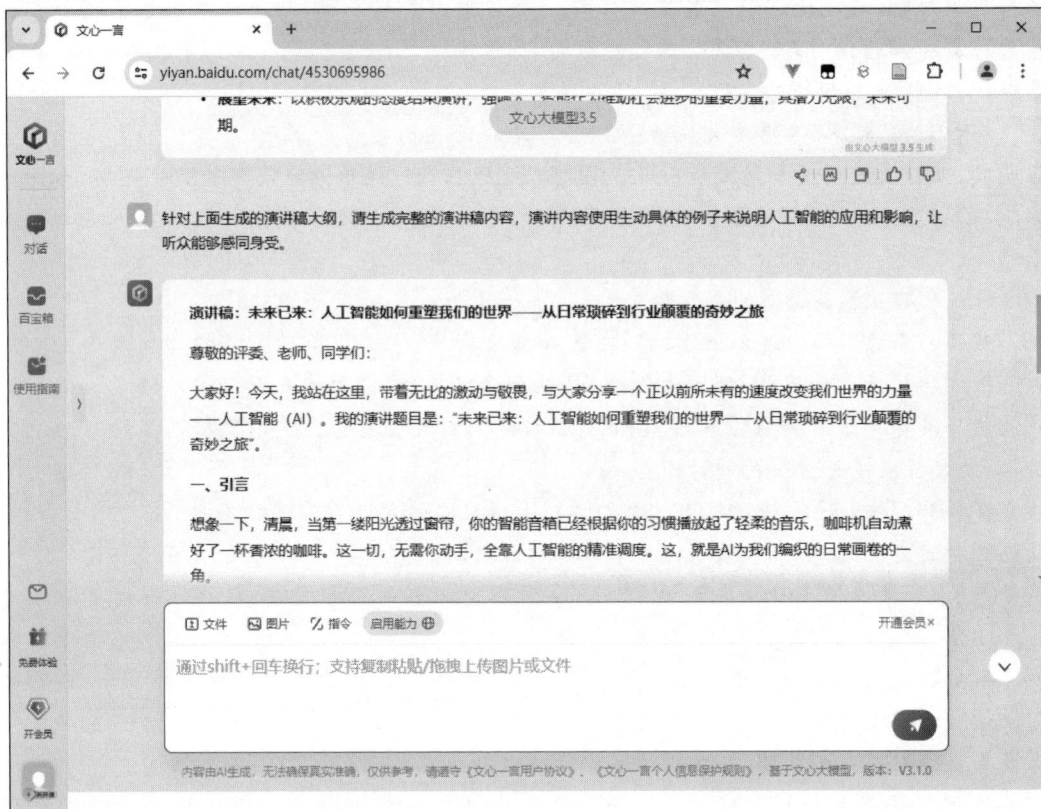

图 4.3   一次性生成演讲稿内容

4. 优化演讲内容

如果对生成的演讲稿内容不满意,可以让文心一言继续修改。例如,在第三部分"人工智能在行业的颠覆性影响"中,加入在绘画设计领域中的影响,可以使用以下提示词,生成结果如图 4.4 所示。

在"三、人工智能在行业的颠覆性影响"这节中,加入在绘画设计领域中的影响。

当然重新生成的内容不一定比原始内容更好,需要不断尝试。如果实在生成不了需要的内容,就需要作者人工进行修改。

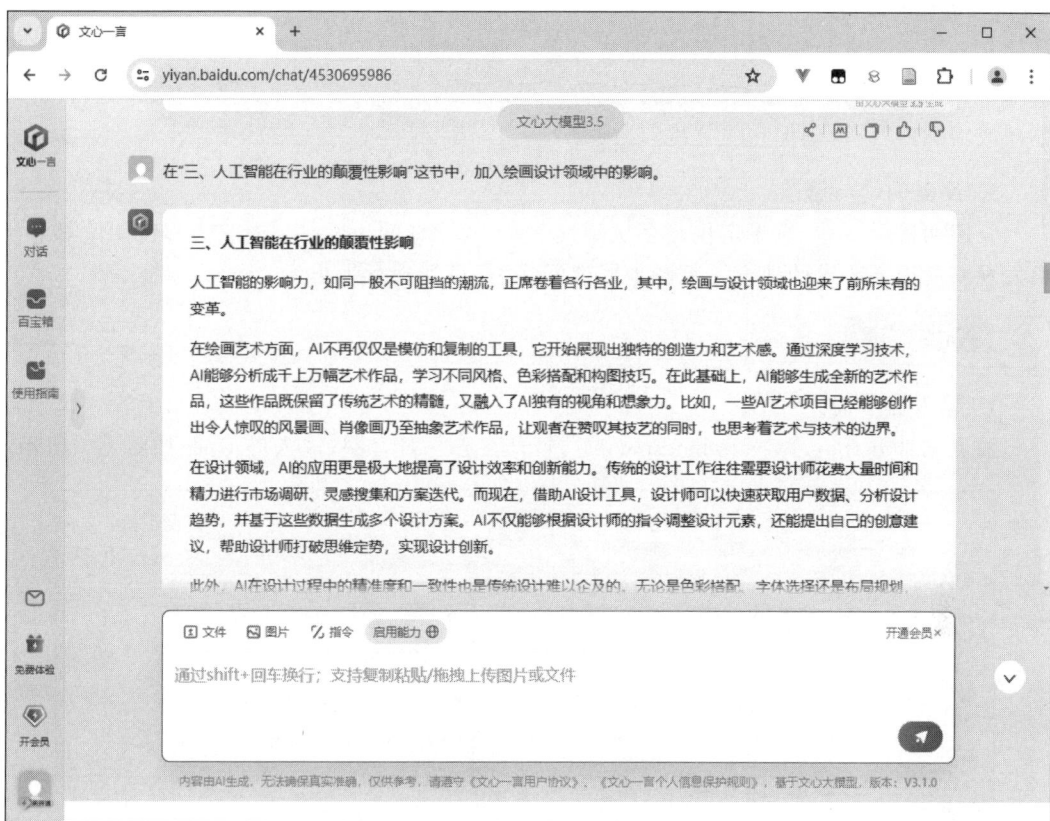

图 4.4　增加绘画设计领域影响的内容

任务 4.2　使用文心一言生成散文

任务 4.2
学习助手

任务描述

使用文心一言生成一篇散文,题目是"家乡的柿子树",体现对家乡的思念之情。

任务解析

本次散文给定了题目"家乡的柿子树",作者想表达的中心思想是对家乡的思念之情。使用文心一言生成该散文,步骤如下。

1. 输入提示词

根据散文题目和作者的情感基调,确定生成散文的提示词,提示词并不是固定不变的,每个人写的提示词可以不同,只要能表达出相关要求即可。本例提示词参考如下。

> 你是一个长期漂泊在外的游子,随着年龄的增长对家乡的思念之情越来越强烈,请以"家乡的柿子树"为题,写一篇体现对家乡思念之情的散文。

2. 调整与优化

文心一言生成的散文初稿可能需要进行一些调整和优化。例如,检查文章的逻辑是否清晰,语言是否流畅,情感表达是否到位等。可以根据自己的感受和需要,对文章进行润色、删减或增加内容,以确保它更好地符合预期。

3. 反复阅读与修改

完成初稿后,不要急于定稿。多次阅读散文,从读者的角度去感受它。每次阅读都可能会发现新的需要改进的地方。不断地修改和完善,直到满意为止。

任务实现

1. 输入提示词

输入网址 https://yiyan.baidu.com/,打开文心一言官网,输入提示词,如图 4.5 所示。

图 4.5　输入提示词

生成散文内容如下。

家乡的柿子树

在岁月的长河中,总有一些记忆,如同故乡山间的清泉,潺潺流淌,清澈而深远。对我而言,那棵矗立在村头老屋旁的柿子树,便是心中最温柔的牵挂,每当夜深人静,或是异乡的秋风起时,它便悄然入梦,带着一抹不易察觉的乡愁,轻轻拂过心田。

家乡的柿子树,是时间的见证者,也是情感的寄托所。它不高大挺拔,却枝繁叶茂,仿佛一位慈祥的老者,静静地守候着这片土地,也守候着每一个远行游子的归期。春天,它披上嫩绿的新装,与周围的桃花、杏花竞相绽放,虽不显眼,却自有一番生机盎然;夏日,浓密的树荫成了我们嬉戏的乐园,蝉鸣声声,伴着童年的欢笑,在树间回荡;而到了秋天,那满树的柿子,由青转黄,再由黄泛红,如同一个个小灯笼,照亮了归家的路,也温暖了游子的心房。

记得小时候,每到柿子成熟的季节,村里便弥漫着一股淡淡的香甜。大人们会拿着长长的竹竿,小心翼翼地敲打枝头,熟透的柿子便纷纷落下,孩子们则兴奋地围着树转,争抢着捡拾那些滚落一地的果实。那时的快乐如此简单纯粹,一颗柿子,便能甜到心底,那份满足与幸福,至今仍是我心中最宝贵的记忆。

随着年岁的增长,我离开了家乡,踏上了求学与工作的征途。城市的喧嚣与繁华,让我渐渐习惯了快节奏的生活,但每当夜深人静,那份对家乡的思念便如潮水般涌来,无法抑制。我开始怀念起那棵柿子树,怀念它春天的新绿、夏日的阴凉、秋日的硕果,以及冬日里枝头残留的几片倔强叶子,它们都是家乡独有的风景,是我心中永远的牵挂。

如今,每当我站在异乡的街头,望着远方,心中总会浮现出那棵柿子树的身影。它不仅仅是一棵树,更是家的象征,是亲情的纽带,是无论我走到哪里,都无法割舍的情感寄托。我知道,无论岁月如何更迭,那棵柿子树都会在那里,静静地等待着我的归来,用它那不变的姿态,诉说着对过往的怀念,对未来的期许。

或许有一天,当我再次踏上那片熟悉的土地,那棵柿子树依旧会以一种熟悉而又陌生的姿态迎接我。那时,我会轻轻抚摸它的树干,感受那份久违的亲切与温暖,让心灵得到真正的归宿。因为,那里,才是我真正的家,是我永远的根。

2. 调整与优化

文心一言生成的散文已经超过我们大多数人的写作水平,但是可能有一些内容并不符合我们的要求,还需要进行一些调整和优化。例如,上面生成的内容中想体现出妈妈的爱,可以像对话一样,直接在输入框中输入"散文中要体现妈妈的爱",模型会自动按照我们的要求,重新生成散文。因为模型有记忆功能,它会在前面对话的基础上,继续和我们进行对话,如图4.6所示。

改进的散文内容如下。

家乡的柿子树

在记忆的画卷里,家乡的柿子树总是占据着最温柔的一隅,它不仅是季节更迭的见证者,更是母爱深深烙印的印记。每当秋风起,那片片金黄的叶子与红彤彤的柿子,便如同母亲温柔的眼眸,穿越时空,唤醒我内心深处最柔软的思念。

那棵柿子树,就矗立在老屋的旁侧,是母亲亲手栽下的。她总说,树有灵性,能伴人成长,也能寄托思念。于是,在无数个晨光熹微或夕阳西下时分,母亲总爱站在树下,或忙碌于家务,或轻声细语地与我们交谈,那份宁静与和谐,仿佛整个世界都为之静止。

春天,柿子树抽出嫩绿的新芽,母亲便会在树下忙碌起来,翻土、施肥,她的身影在阳光下拉长，显得格外温暖而有力。她常说："树要长得好，得靠人呵护。"这话里，不仅是对柿子树的关爱，更是对我们兄妹无微不至的照顾与期望。

夏日炎炎，柿子树成了我们避暑的天堂。母亲会在树荫下摆上小桌，泡上一壶清茶，讲着古老的故事，或是教我们识字读书。那些日子里，柿子树下的时光，总是那么悠长而美好，仿佛连空气中都弥漫着母爱的芬芳。

秋天，是柿子树最耀眼的季节。金黄的叶子与火红的柿子交相辉映，将整个小院装点得如诗如画。母亲会爬上梯子，小心翼翼地摘下熟透的柿子，然后一一洗净，放在篮子里。晚上，全家人围坐在一起，品尝着母亲亲手做的柿子干，那甜中带涩的味道，恰似母亲对我们的爱，既温暖又略带严厉，让人回味无穷。

随着年岁的增长，我离开了家乡，去往远方求学、工作。每当秋风起，我便会格外思念家乡的柿子树，更思念那树下忙碌的母亲身影。她是否依旧会在树下忙碌？是否还会像小时候那样，为我们准备美味的柿子干？这份思念，如同柿子树下的落叶，层层叠叠，堆积成山。

如今，当我再次踏上故土，那棵柿子树依旧屹立不倒，只是岁月在它的身上刻下了痕迹。我轻轻地抚摸着树干，仿佛能感受到母亲的温度。那一刻，我泪流满面，因为我知道，无论我走到哪里，母亲的爱都会像那棵柿子树一样，永远守候在那里，给予我无尽的力量与温暖。

家乡的柿子树，不仅是我童年的记忆，更是母爱的象征。它教会了我坚韧与执着，更让我明白了无论世界多么宽广，家永远是我最温暖的港湾。

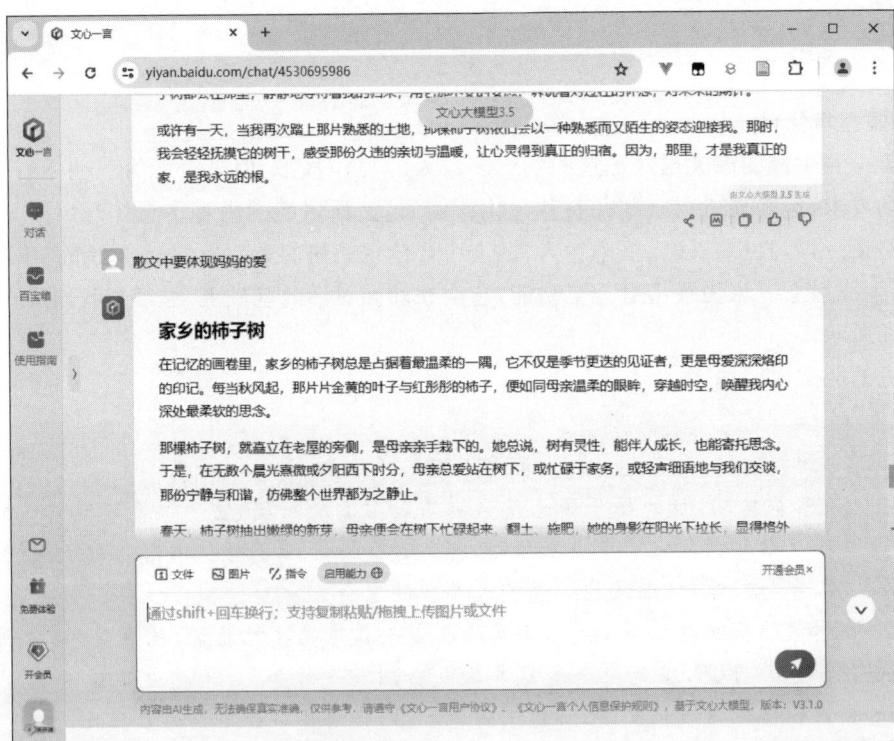

图 4.6　改进的提示词

任务 4.3　使用 Kimi 生成广告文案

任务描述

使用 Kimi 生成一款洗发水的广告文案,该洗发水的受众人群为 18～30 岁的年轻人。

任务解析

Kimi 和文心一言都是国产人工智能大模型,使用 Kimi 同样可以进行文字内容的生成。使用 Kimi 生成一款洗发水广告文案的步骤如下。

1. 明确广告目标与受众

(1) 本次文案的目标是提升品牌知名度、促进产品销售、塑造品牌形象。

(2) 受众人群是 18～30 岁喜欢追求潮流的年轻人。

2. 收集产品信息

该款洗发水具有去屑止痒、控油清爽、柔顺发丝等功效。该款洗发水成分主要是多种植物提取物如苦参根、积雪草、油茶籽、迷迭香等,不仅天然温和,还能提供丰富的营养和抗氧化剂,有助于头皮健康。

3. 根据产品信息,编写广告文案提示词

从一个资深广告文案设计师的角度进行文案编写。

4. 优化广告文案

Kimi 生成广告文案后,可以针对细节提出更具体的要求来优化广告文案。

任务实现

1. 生成广告方案

输入网址 https://kimi.moonshot.cn/,进入 Kimi 官网,输入以下提示词并提交,生成的广告文案如图 4.7 所示。

> 你是一个资深的广告文案设计师,帮我设计一款洗发水的广告文案,以便提升品牌知名度、促进产品销售、塑造品牌形象。该洗发水的受众人群是 18～30 岁、喜欢追求潮流的年轻人。该款洗发水具有去屑止痒、控油清爽、柔顺发丝等功效。该款洗发水成分主要是多种植物提取物如苦参根、积雪草、油茶籽、迷迭香等,不仅天然温和,还能提供丰富的营养和抗氧化剂,有助于头皮健康。

生成广告文案,内容如下。

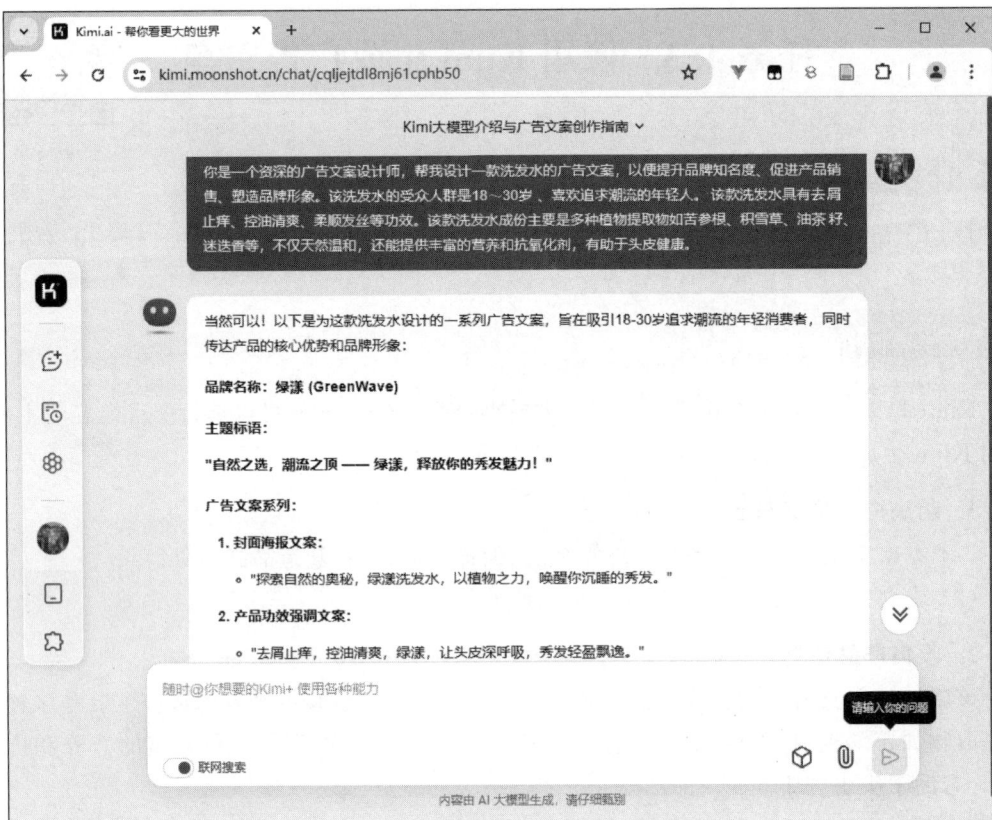

图 4.7　生成的洗发水广告文案

当然可以！以下是为这款洗发水设计的一系列广告文案，旨在吸引 18～30 岁追求潮流的年轻消费者，同时传达产品的核心优势和品牌形象：

品牌名称：绿漾(GreenWave)

主题标语：

"自然之选，潮流之顶 —— 绿漾，释放你的秀发魅力！"

广告文案系列：

1. **封面海报文案：**

    -"探索自然的奥秘，绿漾洗发水，以植物之力，唤醒你沉睡的秀发。"

2. **产品功效强调文案：**

    -"去屑止痒，控油清爽，绿漾，让头皮深呼吸，秀发轻盈飘逸。"

3. **成分特点文案：**

    -"苦参根的坚韧，积雪草的修复，油茶籽的滋养，迷迭香的清新 —— 绿漾，自然精粹，呵护每一丝秀发。"

4. **品牌形象塑造文案：**

    -"绿漾，不仅是洗发，更是一种生活态度。选择绿漾，选择与自然和谐共舞。"

5. **目标受众专属文案：**
- "年轻，就要不拘一格。绿漾，专为潮流的你设计，让秀发成为你的时尚标签。"

6. **促销活动文案：**
- "潮流不等，绿漾先行。限时特惠，让绿漾成为你秀发的专属守护者。"

7. **社交媒体互动文案：**
- "晒出你的绿漾时刻，分享你的秀发变化，赢取绿漾专属礼包，一起成为自然潮流的代言人！"

8. **产品包装设计建议：**
- 包装采用环保材料，以自然绿色为主色调，结合透明窗口展示产品质地，传递天然、纯净的品牌形象。

9. **视频广告创意：**
- 开场：快节奏的都市生活画面，年轻人群在街头穿梭。
- 转折：主角因头皮问题感到尴尬，切换到使用绿漾洗发水的场景。
- 高潮：随着使用绿漾，头皮问题得到解决，秀发变得柔顺有光泽。
- 结尾：主角自信地走在人群中，绿漾的LOGO和主题标语醒目展现。

10. **KOL/网红合作文案：**
- "加入绿漾家族，与知名时尚博主一起，体验天然植物的力量，让秀发成为你的潮流名片。"

通过这些文案，我们不仅传达了产品的功效和成分优势，还塑造了一个与年轻消费者价值观相符的品牌形象，同时通过互动和促销活动增加参与感和购买欲望。

以上只是一个广告文案的草案，可以根据实际产品特性和市场定位进行调整和优化。

2. 优化广告文案

前面生成的广告文案不是特别详细，可以单独针对某项内容，让Kimi生成更为详细的方案。例如，生成视频广告的脚本内容，可以在输入框中输入提示词"视频广告创意部分还不是太明确，请生成视频广告的脚本内容"，生成结果如图4.8所示。

生成视频脚本如下。

当然，以下是一个更详细的视频广告脚本，针对您的洗发水品牌"绿漾"。

视频广告脚本：
场景1：都市节奏
- 镜头快速穿梭在繁忙的都市街道，捕捉年轻人群的日常生活片段。
- 背景音乐：快节奏的城市音乐。
旁白：
"在这个快节奏的都市生活中，每个细节都彰显着你的个性和态度。"
场景2：问题显现
- 主角在人群中显得尴尬，手不自觉地挠着头，头皮屑飘落。
- 镜头特写：主角困扰的表情和不自在的动作。

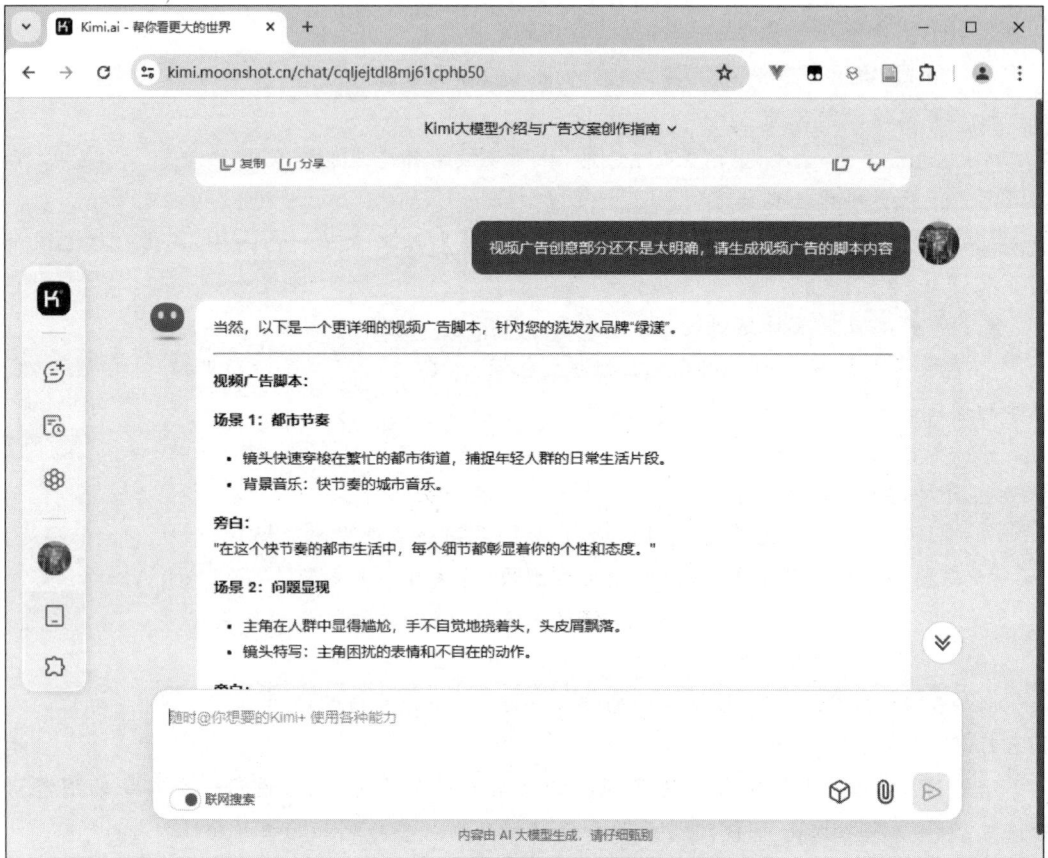

图 4.8　生成的视频广告脚本

旁白：

"但有时候，一些小问题却让你的自信大打折扣。"

场景 3：绿漾解决方案

- 主角拿起一瓶绿漾洗发水，镜头缓慢推近，展示产品细节和品牌 LOGO。
- 背景音乐：转为轻柔舒缓的旋律。

旁白：

"绿漾，源自自然的洗发解决方案，专为追求完美的你设计。"

场景 4：使用体验

- 镜头切换到主角在浴室使用绿漾洗发水，水流冲洗着秀发，泡沫丰富细腻。
- 主角表情放松，享受洗发过程。

旁白：

"感受苦参根、积雪草、油茶籽和迷迭香的天然力量，去屑止痒，控油清爽，让每一丝秀发都充满活力。"

场景 5：蜕变与自信

- 主角走出浴室，秀发飘逸，自信满满地走在人群中，吸引他人目光。
- 镜头特写：主角的秀发光泽和自然摆动。

旁白：

"绿漾，不仅洗净你的秀发，更洗净你的烦恼。"

场景 6：号召性结尾

- 主角站在镜头前，手持绿漾洗发水，向观众展示。

- 背景音乐：渐强，达到高潮。

旁白：

"选择绿漾，选择自然与潮流的完美结合。现在就加入我们，释放你的秀发魅力！"

场景 7：品牌 LOGO 和标语

- 屏幕渐入品牌 LOGO 和主题标语。

- 背景音乐：渐弱，最后消失。

屏幕文字：

"绿漾 —— 自然之选，潮流之顶。"

结束

备注：

- 视频中应使用明亮清新的色调，传达出产品的天然温和特性。

- 镜头语言要简洁有力，突出产品特点和使用效果。

- 旁白语气要亲切、自信，传递出品牌的正面形象。

这个脚本旨在通过一个故事化的叙述，展示主角从遇到头皮问题到使用绿漾洗发水后获得自信的转变，以此来吸引目标受众的共鸣，并激发他们对产品的兴趣。

其他部分如果需要优化，可以按照刚才的思路编写合适的提示词，由 Kimi 帮助优化。

任务 4.4　使用 Kimi 阅读文件

任务 4.4
学习助手

📚 任务描述

使用 Kimi 阅读"人工智能工程技术人员国家职业技术技能标准"文件，根据文件内容回答相关的问题并写出相关的体会和反思。

📚 任务解析

在工作和生活中，我们时常会收到各种文件。深入理解这些文件的内容、洞察其背后的深层含义，对于我们来说至关重要。依据文件内容，可以有条不紊地推进接下来的工作计划。Kimi 能帮助我们快速、精准地阅读并解析文件内容，提高工作效率。

本节任务是使用 Kimi 阅读"人工智能工程技术人员国家职业技术技能标准"文件，并解析该文件，实现步骤如下。

（1）把文件上传给 Kimi。

（2）Kimi 对文件内容进行分析，回答相关的问题。

（3）根据 Kimi 对文件的理解，生成相关的反思及建议。

![任务实现]

（1）把要阅读的 PDF 格式的文章"人工智能工程技术人员国家职业技术技能标准"上传给 Kimi，如图 4.9 所示。

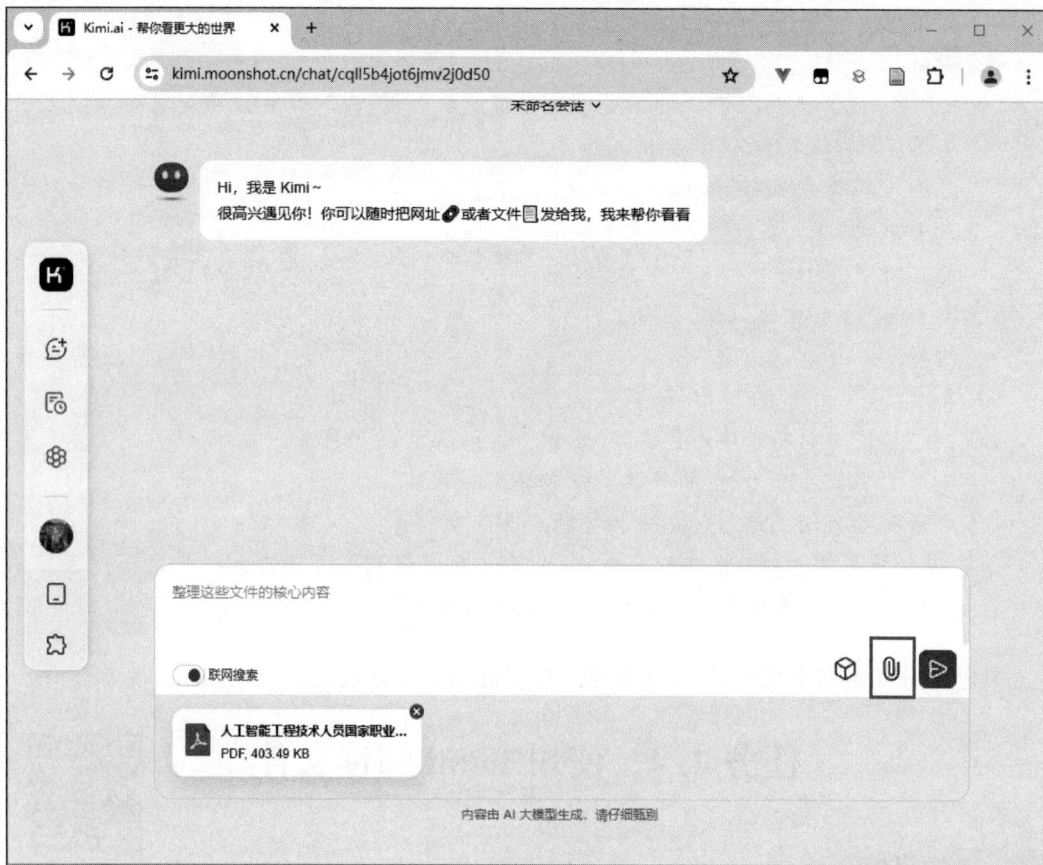

图 4.9　上传文章给 Kimi

（2）等待上传完毕后，询问 Kimi 是否阅读完毕。在输入框中输入"是否阅读完毕"，如果阅读完毕，Kimi 会给出阅读完毕的回复，并显示出本文章的大致内容，如图 4.10 所示。

Kimi 的回复如下。

> 是的，我已经阅读完毕您提供的《人工智能工程技术人员国家职业技术技能标准（2021年版）》的 PDF 文件内容。如果您有任何问题或需要进一步的帮助，请随时告诉我。

（3）向大模型进行提问，在输入框中直接输入"人工智能工程技术人员专业技术等级分为几个"，如图 4.11 所示。

回答内容如下。

> 根据您提供的文件内容，人工智能工程技术人员专业技术等级分为三个等级，分别是：
> 1. 初级

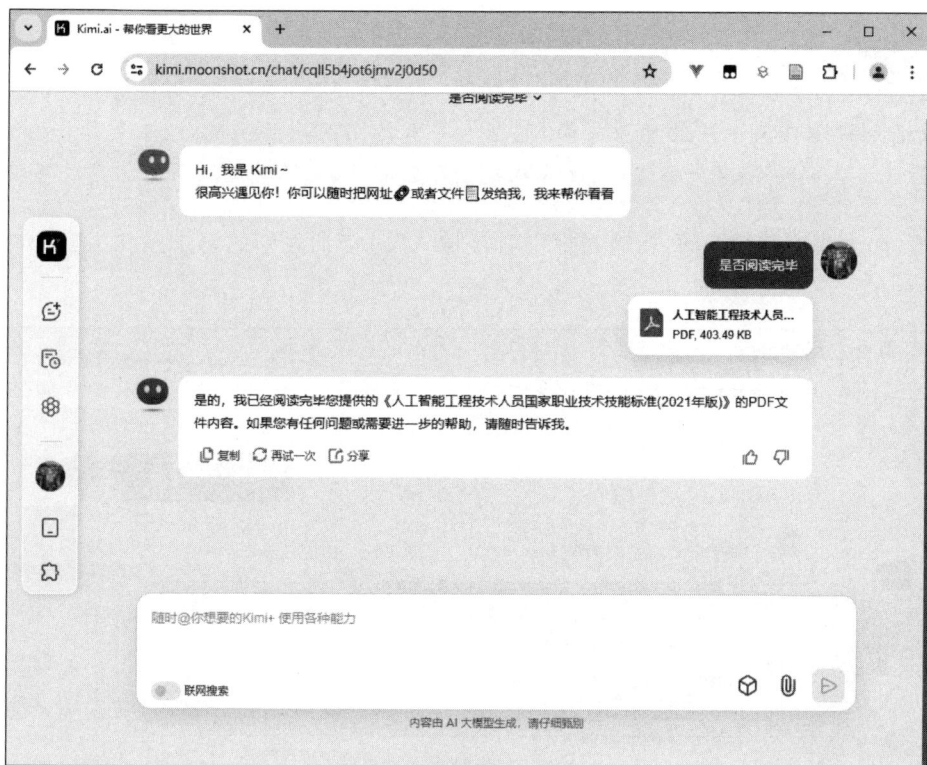

图 4.10　询问"是否阅读完毕"

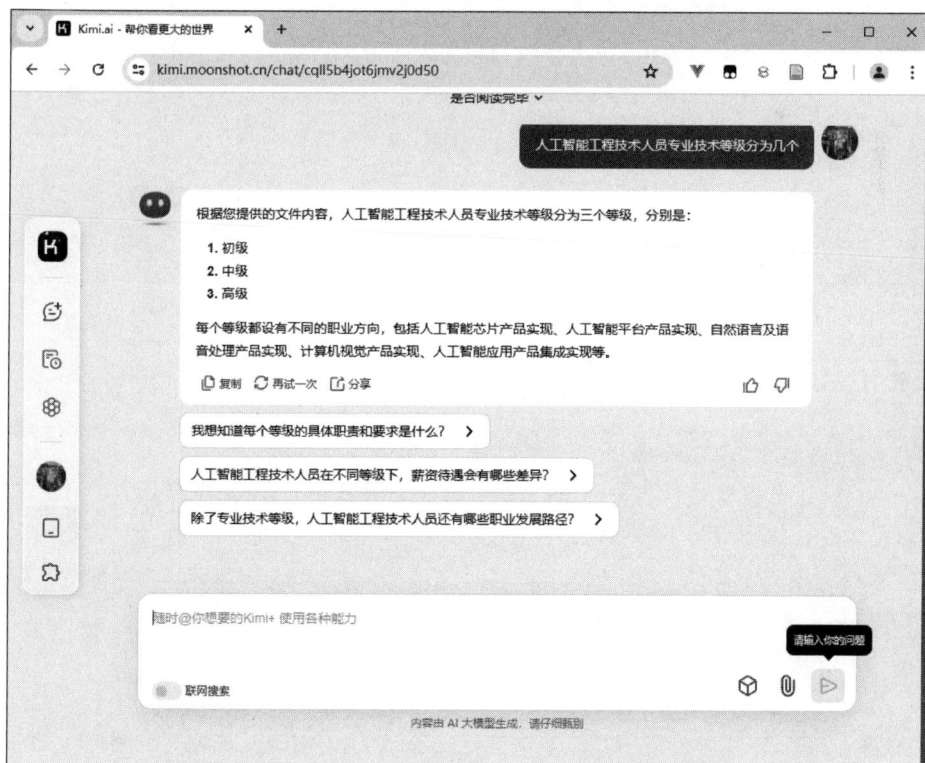

图 4.11　提问"人工智能工程技术人员专业技术等级分为几个"

2. 中级

3. 高级

每个等级都设有不同的职业方向,包括人工智能芯片产品实现、人工智能平台产品实现、自然语言及语音处理产品实现、计算机视觉产品实现、人工智能应用产品集成实现等。

(4) 向大模型进行提问,在输入框中直接输入"对培训教师的要求是什么",如图 4.12所示。

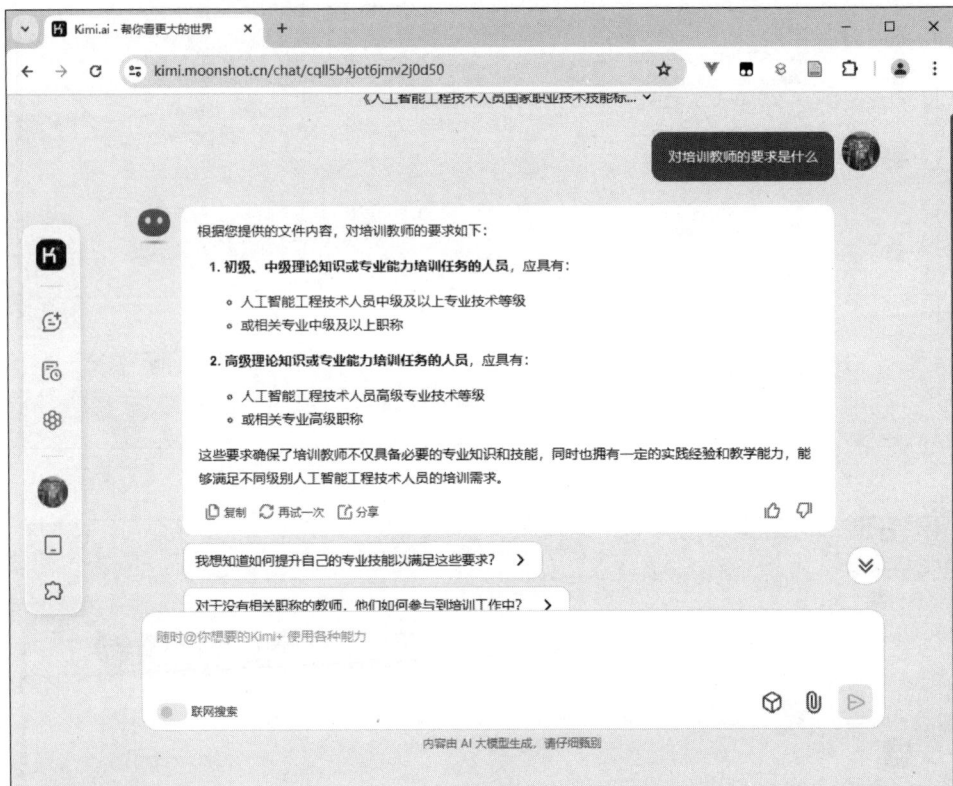

图 4.12　提问"对培训教师的要求是什么"

回答内容如下。

根据您提供的文件内容,对培训教师的要求如下:

1. **初级、中级理论知识或专业能力培训任务的人员**,应具有:

- 人工智能工程技术人员中级及以上专业技术等级

- 或相关专业中级及以上职称

2. **高级理论知识或专业能力培训任务的人员**,应具有:

- 人工智能工程技术人员高级专业技术等级

- 或相关专业高级职称

这些要求确保了培训教师不仅具备必要的专业知识和技能,同时也拥有一定的实践经验和教学能力,能够满足不同级别人工智能工程技术人员的培训需求。

（5）向大模型进行提问，在输入框中直接输入"监考人员、考评人员与考生配比是多少"，如图 4.13 所示。

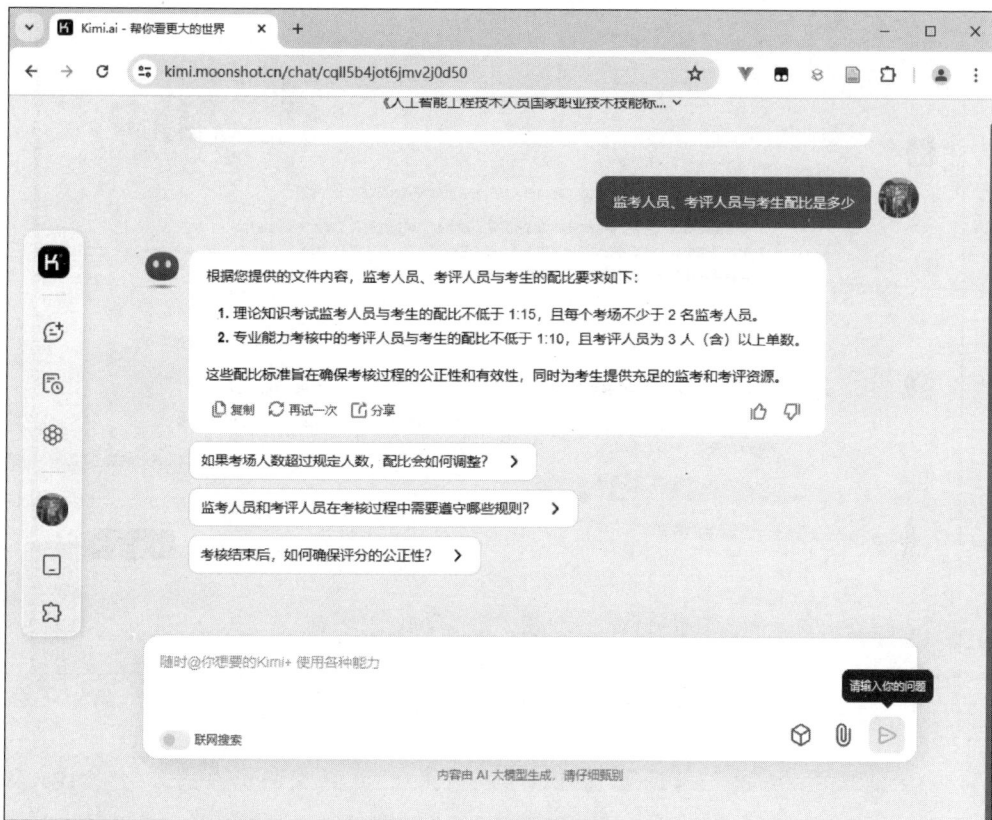

图 4.13　提问"监考人员、考评人员与考生配比是多少"

回答内容如下。

> 根据您提供的文件内容，监考人员、考评人员与考生的配比要求如下：
> 1. 理论知识考试监考人员与考生的配比不低于 1∶15，且每个考场不少于 2 名监考人员。
> 2. 专业能力考核中的考评人员与考生的配比不低于 1∶10，且考评人员为 3 人（含）以上单数。
> 这些配比标准旨在确保考核过程的公正性和有效性，同时为考生提供充足的监考和考评资源。

（6）向大模型进行提问，在输入框中直接输入"专业基础知识包含什么"，如图 4.14 所示。

回答内容如下。

> 根据您提供的文件内容，人工智能工程技术人员的专业基础知识包含以下几个方面：
> 1. ＊＊数学基础知识＊＊：涵盖了数学的基本概念和方法，这些是理解和应用人工智能算法的基础

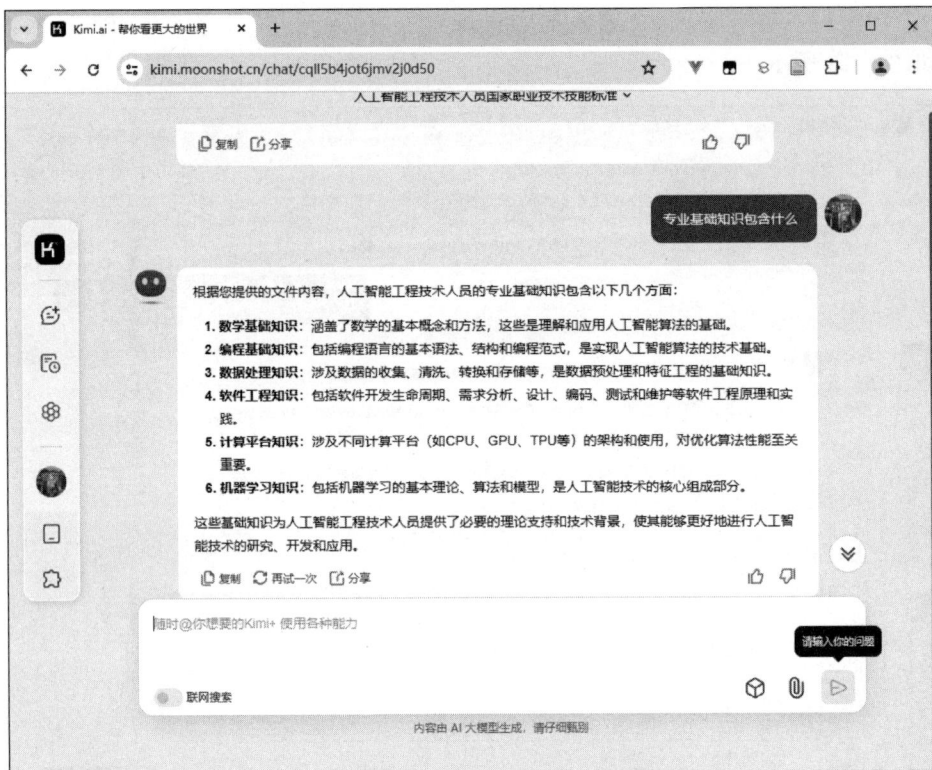

图 4.14　提问"专业基础知识包含什么"

2. ＊＊编程基础知识＊＊：包括编程语言的基本语法、结构和编程范式，是实现人工智能算法的技术基础。

3. ＊＊数据处理知识＊＊：涉及数据的收集、清洗、转换和存储等，是数据预处理和特征工程的基础知识。

4. ＊＊软件工程知识＊＊：包括软件开发生命周期、需求分析、设计、编码、测试和维护等软件工程原理和实践。

5. ＊＊计算平台知识＊＊：涉及不同计算平台（如 CPU、GPU、TPU 等）的架构和使用，对优化算法性能至关重要。

6. ＊＊机器学习知识＊＊：包括机器学习的基本理论、算法和模型，是人工智能技术的核心组成部分。

这些基础知识为人工智能工程技术人员提供了必要的理论支持和技术背景，使其能够更好地进行人工智能技术的研究、开发和应用。

（7）根据文件内容进行总结。

Kimi 可以根据文件内容进行总结和概括，在输入框中输入提示词如下，总结内容如图 4.15 所示。

如果我想考取"人工智能芯片产品实现"中级证书，需要具备哪些专业能力和知识，请进行简要的概括和总结。

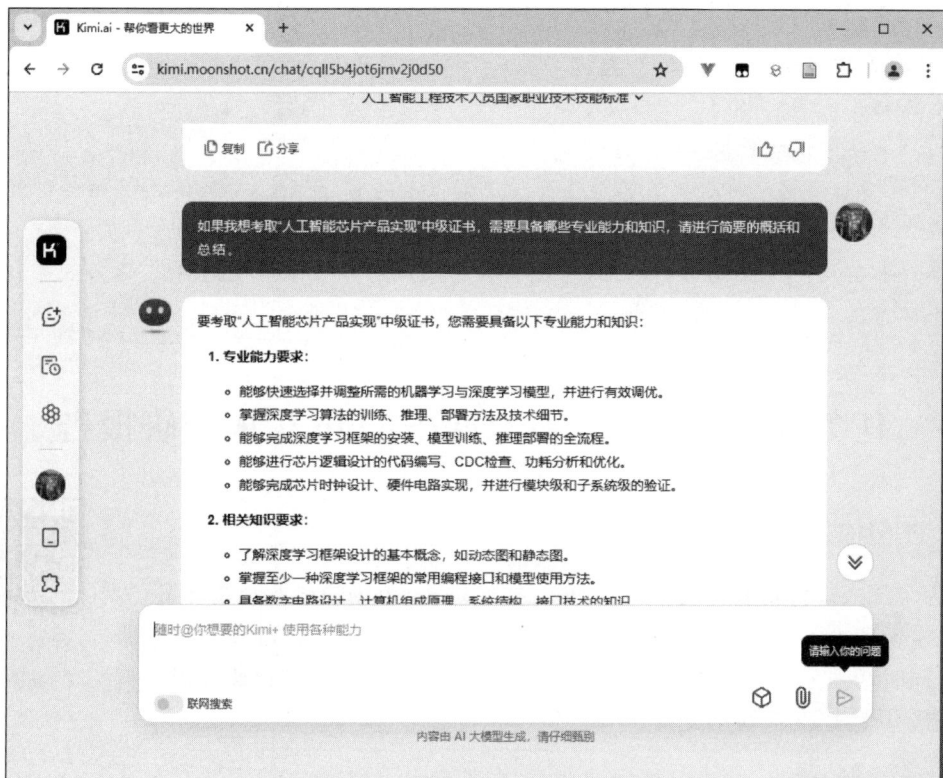

图 4.15 考取中级证书需具备的专业能力和知识总结

Kimi 大模型会把中级证书的专业能力和知识总结如下。

要考取"人工智能芯片产品实现"中级证书,您需要具备以下专业能力和知识:

1. **专业能力要求**:
 -能够快速选择并调整所需的机器学习与深度学习模型,并进行有效调优。
 -掌握深度学习算法的训练、推理、部署方法及技术细节。
 -能够完成深度学习框架的安装、模型训练、推理部署的全流程。
 -能够进行芯片逻辑设计的代码编写、CDC 检查、功耗分析和优化。
 -能够完成芯片时钟设计、硬件电路实现,并进行模块级和子系统级的验证。

2. **相关知识要求**:
 -了解深度学习框架设计的基本概念,如动态图和静态图。
 -掌握至少一种深度学习框架的常用编程接口和模型使用方法。
 -具备数字电路设计、计算机组成原理、系统结构、接口技术的知识。
 -熟悉 FPGA/ASIC 设计知识,包括异构计算和计算复杂度理论。
 -理解人工智能伦理、安全与隐私保护原则及标准。

3. **技术咨询与服务**:
 -能够提供人工智能芯片项目的技术咨询,进行技术评估和体系架构设计。
 -掌握工程咨询方法、系统分析、项目建议书和可行性研究报告的编写。

4. **测试验证能力**：

-能够设计验证计划，使用验证工具提升测试覆盖率，进行系统级和子系统级别的仿真平台搭建。

5. **芯片设计开发**：

-能够基于选定的基本工艺器件进行逻辑综合与时序优化，针对不同数据类型开展优化的人工智能核心设计。

通过掌握这些专业能力和知识，您将能够有效地参与人工智能芯片产品从设计到实现的各个环节。

任务 4.5　使用 DeepSeek＋Kimi 生成调研报告

任务描述

为了深入分析新能源汽车行业动态、技术进步、市场趋势及政策环境，为政府、企业和投资者提供决策依据，促进技术创新与市场普及，加速行业健康发展，同时增强公众对行业的认知与支持，写一份新能源汽车行业发展的调研报告，并生成 PPT 演示文稿。

任务 4.5 学习助手

任务解析

为了制作一份深入且全面的新能源汽车行业发展调研报告，必须对市场数据进行详尽的调研，然而这一过程往往耗时巨大。借助 DeepSeek，我们能够通过其先进的深度学习和自然语言处理技术，迅速从海量数据中锁定关键信息，从而实现高效整合与精确分析。这不仅极大地缩短了调研周期，还确保了报告的高质量与专业性。

DeepSeek 是推理型大模型，它具有强大的逻辑思维和分析能力，能生成高质量的文稿内容，但目前它还没有生成 PPT 的功能，所以可以和 Kimi 进行结合，生成专业水准的 PPT 演示文稿。

任务实现

1. 打开 DeepSeek 官网

打开浏览器，输入 DeepSeek 官网地址 https://www.DeepSeek.com/，进入 DeepSeek 网站，如图 4.16 所示。

2. 打开会话

单击"开始会话"，打开新的会话窗口。

3. 输入提示词，生成调研报告

在会话窗口中输入提示词，内容如下。

写一份中国新能源汽车行业发展的调研报告，要求数据来源准确，报告说服力强。

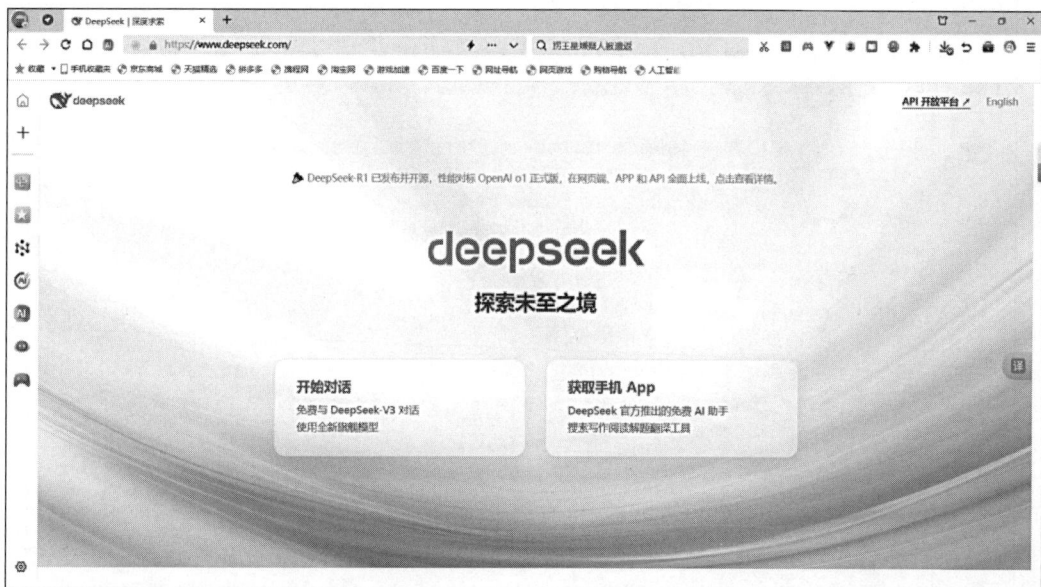

图 4.16　DeepSeek 官网

选择"深度思考"和"联网搜索",如图 4.17 所示。

图 4.17　输入提示词进行"深度思考"和"联网搜索"

"深度思考"基于 DeepSeek-R1 模型,能够对给定的问题进行多维度、多层次、系统性的分析和推理,深入挖掘问题的本质和内在联系;"联网搜索"能够整合网络最新数据。

提交后生成的调研报告如图 4.18 所示。

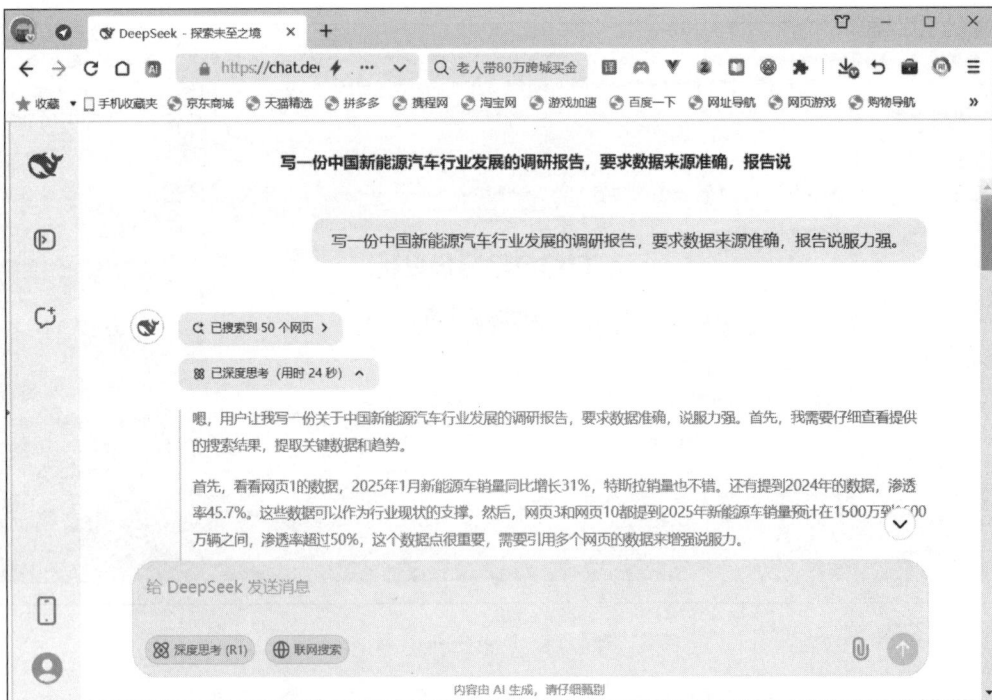

图 4.18   生成的调研报告

从生成的结果可以看出,DeepSeek 思考的过程和引用的数据都能展示给用户,用户通过 DeepSeek 的思考和分析过程,可对中国新能源汽车行业的发展有更深的理解,同时也印证了生成的调研报告的真实性。DeepSeek 的思考和分析过程如下。

嗯,用户让我写一份关于中国新能源汽车行业发展的调研报告,要求数据准确,说服力强。首先,我需要仔细查看提供的搜索结果,提取关键数据和趋势。

首先,看看网页 1 的数据,2025 年 1 月新能源车销量同比增长 31%,特斯拉销量也不错。还有提到 2024 年的数据,渗透率 45.7%。这些数据可以作为行业现状的支撑。然后,网页 3 和网页 10 都提到 2025 年新能源车销量预计在 1500 万到 1600 万辆,渗透率超过 50%,这个数据点很重要,需要引用多个网页的数据来增强说服力。

接下来,技术发展趋势方面,网页 2 和网页 3 都提到了技术进步,比如电池能量密度提升、充电技术改进,还有自动驾驶的发展,特别是 L3 级别的突破。网页 3 提到华为和小鹏在自动驾驶方面的进展,这些可以作为技术趋势的例子。

政策影响方面,网页 7 和网页 9 提到以旧换新政策,补贴金额调整,还有技术创新政策。网页 2 也分析了财政补贴和技术创新政策的重要性,这些政策对行业增长有直接推动作用。

市场格局方面,网页 5 和网页 8 讨论自主品牌市占率的提升,比如比亚迪、吉利的表现。网页 6 提到吉利星愿的销量超过特斯拉 Model Y,这可以说明自主品牌的崛起。另外,网页 3 和网页 5 提到价格战和车企整合,说明市场竞争激烈,部分车企可能被淘汰。

出口方面,网页 3、5、9 都提到欧盟等地的关税壁垒导致出口增速放缓,但新兴市场如中东、巴西却相对增长。需要综合这些信息,指出出口面临的挑战和机遇。

盈利情况，网页 8 提到蔚来、小鹏可能在 2025 年扭亏为盈，理想已经盈利，比亚迪持续领先。这些数据可以说明行业逐渐进入盈利期，但大部分车企仍面临压力。

挑战部分，网页 3 和 9 提到价格战、芯片国产化率低、出口受限，这些都是需要强调的问题。网页 7 提到政策退坡对弱势车企的影响，这也需要提到。

最后，未来展望要综合各网页的预测，比如渗透率超过 60%，智能驾驶普及，产业链整合。网页 9 高盛的预测可以作为补充。

需要确保每个部分都引用多个网页的数据，比如销量预测来自网页 3、5、7、10，技术趋势来自 2、3、5，政策来自 2、7、9。注意避免重复引用同一网页，同时确保数据准确，比如不同网页提到的 2025 年销量目标可能有差异，需要核对后选择最常被引用的数值。

DeepSeek 生成的调研报告，如果需要修改，可以在输入框中输入要修改的提示词，如果不需要修改，可以直接复制到 Word 或者 WPS 中进行编辑。

4. 生成 PPT 大纲

DeepSeek 可以根据刚才的调研报告内容生成 PPT 大纲。在输入框中输入提示词，内容如下。

> 请根据生成的调研报告，生成 PTT 大纲，格式为 Markdown。

说明：Markdown 是一种文本标记语言，用于快速文档排版，该格式的大纲有利于快速生成 PPT。

提交后，DeepSeek 会生成 Markdown 格式的 PPT 大纲，如图 4.19 所示。

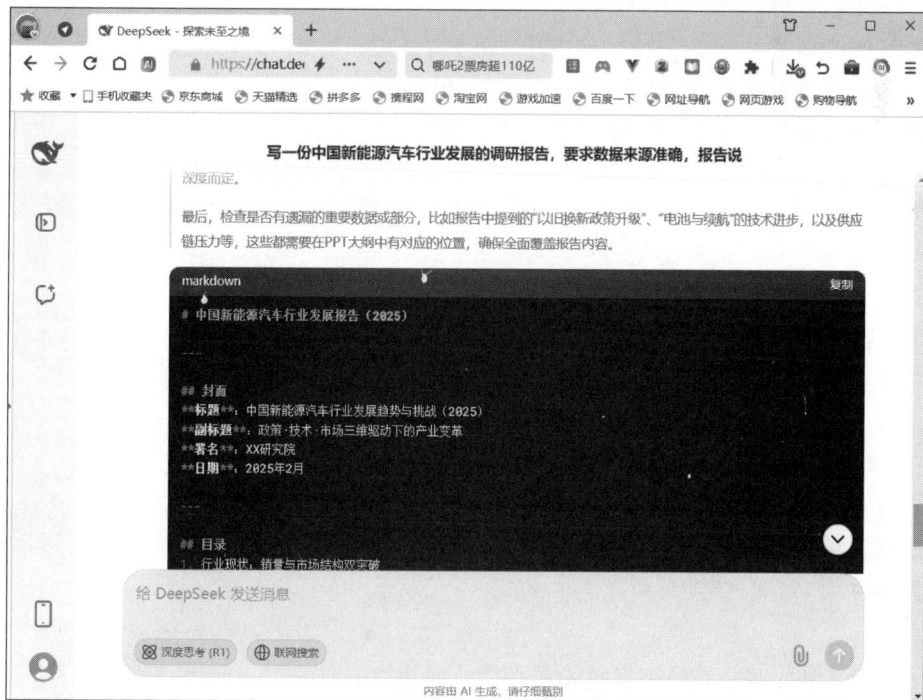

图 4.19　生成的 PPT 大纲

生成 PPT 大纲如下。

\# 中国新能源汽车行业发展报告(2025)

\#\# 封面

标题：中国新能源汽车行业发展趋势与挑战(2025)

副标题：政策·技术·市场三维驱动下的产业变革

署名：XX 研究院

日期：2025 年 2 月

\#\# 目录

1. 行业现状：销量与市场结构双突破

2. 核心驱动：政策＋技术＋市场协同效应

3. 竞争格局：头部集中与尾部出清

4. 挑战与风险：盈利压力与全球化阻力

5. 未来展望：智能化与全球化双主线

\#\# 1. 行业现状：销量与市场结构双突破

核心数据看板（柱状图＋渗透率曲线）

- 2024 年销量 1286.5 万辆（＋35.5％），渗透率 40.9％

- 2025 年 1 月渗透率突破 50％里程碑

- 20～30 万元中高端车型占比 54％

市场结构演变（双饼图对比）

- 自主品牌市占率 65％ → 2025 年目标 70％

- 混动车型占比超 40％，纯电/混动平分市场

\#\# 2. 核心驱动：政策＋技术＋市场协同

政策引擎（政策图标＋补贴对比表）

- 以旧换新政策：400～500 万辆增量

- "车-能-路-云"国家战略路线图

技术突破（电池续航对比图＋智能驾驶时间轴）

- 续航 800 公里高端车型量产

- L3 级自动驾驶商用落地

消费升级（用户调研词云图）

- 智能化需求占比提升至 78％

- 混动车型"零焦虑"成核心卖点

\#\# 3. 竞争格局：头部集中与尾部出清

头部阵营（品牌金字塔示意图）

- 比亚迪：500 万辆年销稳居榜首
- 华为系：问界 M9 月销破 3 万成现象级产品
淘汰赛加速（行业洗牌时间线）
- 2024 年高合/极越退出市场
- 2025 年价格战倒逼尾部整合
---

4. 挑战与风险：盈利压力与全球化阻力
三座大山（警示图标＋问题树状图）
- 出口增速骤降：欧盟关税壁垒致增速 6.7%
- 盈利困局：70% 车企未实现稳定盈利
- 芯片"卡脖子"：车规芯片国产化率仅 15%
---

5. 未来展望：智能化与全球化双主线
智能化战场（技术路线图）
- 2025 年 L3 级智驾覆盖 10 万元级车型
- NOA 功能装车量 330 万辆目标
全球化突围（世界地图＋海外建厂标识）
- 比亚迪巴西工厂投产
- 吉利海外网点新增 300 个

结语：从量变到质变的关键跃迁
核心结论（金字塔结构图）
1. 政策驱动 → 市场驱动转型完成
2. 智能化重构产业价值链条
3. 全球市场争夺战全面升级
数据来源标注：
- 乘联会/中汽协销量数据
- 赛迪顾问技术路线分析
-企业财报及海关出口统计
---

5. 打开 Kimi 的 PPT 助手

输入网址 https://kimi.moonshot.cn/，进入 Kimi 网站，单击左侧的 Kimi＋图标，如图 4.20 所示。在弹出的页面中选择"PPT 助手"选项卡，"打开 PPT 助手"页面。

6. 生成 PPT

在"PPT 助手"页面输入生成 PPT 的提示词，内容如下。

请根据下面的 PPT 大纲，生成 PPT 演示文稿。

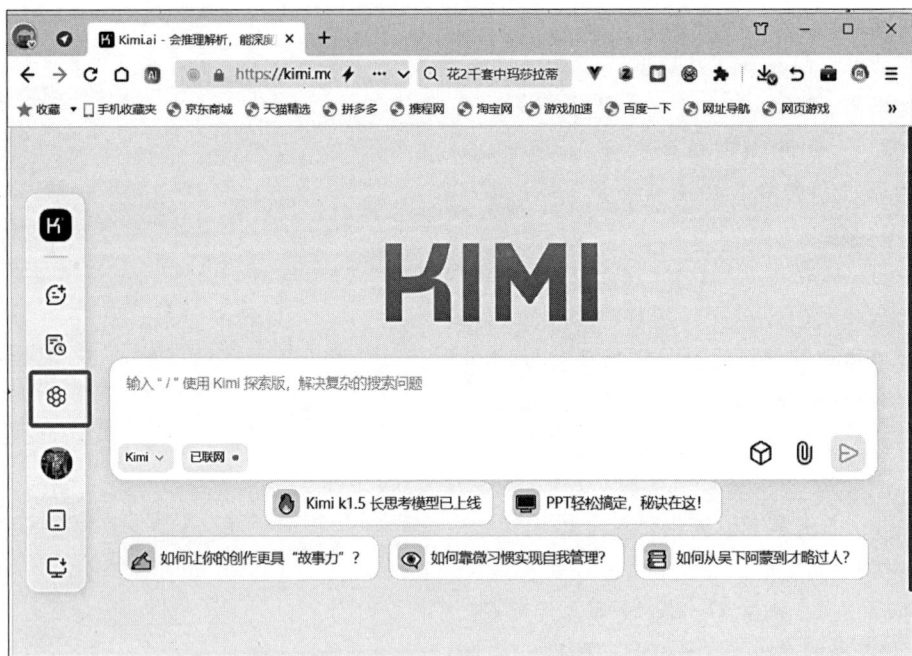

图 4.20　单击 Kimi＋图标

PPT 大纲使用 DeepSeek 生成 Markdown 格式的大纲，如图 4.21 所示。

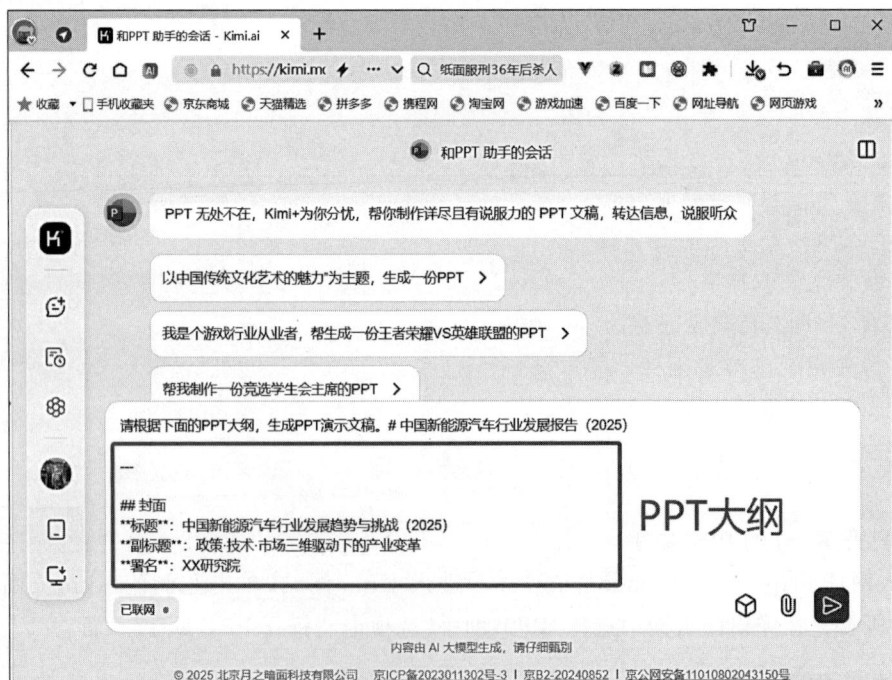

图 4.21　输入生成 PPT 的提示词

将 DeepSeek 生成的 Markdown 格式的大纲提交后，单击下面的"一键生成 PPT"按钮，如图 4.22 所示。

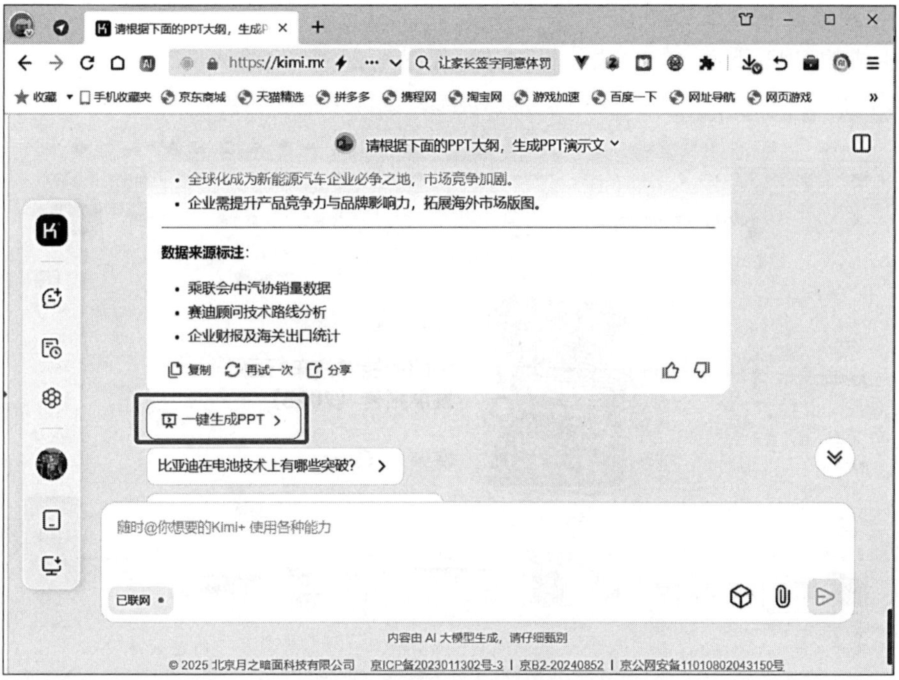

图 4.22　单击"一键生成 PPT"

在打开的页面中,选择合适的 PPT 模板,如图 4.23 所示。单击"生成 PPT"按钮,即可生成 PPT。

图 4.23　选择 PPT 模板

7. 在线修改 PPT

在生成的 PPT 下面,单击"去编辑"按钮,如图 4.24 所示,进入 PPT 编辑页面。

图 4.24　编辑 PPT

在编辑 PPT 页面,可以对生成的 PPT 进行修改,如果不在线修改,也可以导出 PPT 后在 WPS 中对 PPT 进行修改。

8. 下载 PPT

单击右上角的"下载"按钮,就可以把生成好的 PPT 下载到本地使用,如图 4.25 所示。

图 4.25　下载 PPT

下载类型根据需要可以选择"PPT""图片""PDF 文件"。

项 目 总 结

大模型在助力写作时,需要注意以下事项以确保写作过程的顺利和结果的准确性。

1. 明确写作目标和要求

详细描述背景、内容需求以及输出要求,这样大模型才能更准确地理解你的意图并生成符合要求的文本。

2. 优化输入指令

指令越详细,大模型生成的结果就越准确。

使用结构化的指令,包括背景、内容需求、输出要求等部分,帮助大模型更好地理解你的需求。

3. 处理输出结果

大模型生成的文本可能需要进行一定的修改和完善,以满足特定的写作要求。

大模型生成的文本并不一定是正确的,需要我们仔细甄别,确保其内容、逻辑和语法都是正确的。

4. 关注合规性和学术诚信

在使用大模型进行写作时,要遵循相关的法规和规定,确保内容的合规性。

在学术写作中,要遵循学术规范,避免抄袭和剽窃行为。

5. 持续学习和优化

随着大模型技术的不断进步,需要持续学习和了解最新的技术和应用方法。

根据实际使用情况和反馈,对大模型进行优化和调整,以提高其写作效果和准确性。

6. 注意技术限制

大模型虽然强大,但仍然存在一些技术限制和局限性。

例如,在某些专业领域或特定场景下,大模型可能无法完全理解和满足写作需求。

因此,在使用大模型时,要对其能力和局限性有清晰的认识,并结合其他方法和资源来完成写作任务。

课 后 习 题

1. 使用大模型生成学校运动会的新闻稿。
2. 从高职学生的角度,使用大模型生成"平凡的世界"这本书的读后感。
3. 根据上传的图片,使用大模型生成一篇小说,图片可以是任意的风景图片。
4. 利用大模型生成一篇智能手环的营销软文。
5. 利用大模型生成自己的求职简历。

项目五

生成式人工智能在软件开发中的应用

使用大模型进行代码生成、转换代码语言、生成代码注释以及解析代码,是当前人工智能领域中一项极具潜力的技术。这些任务依赖于深度学习和自然语言处理(NLP)等先进技术,特别是那些基于 Transformer 架构的模型,如 GPT 系列和 BERT 等。

在代码生成方面,大模型通过学习大量的代码语料库,能够捕捉编程语言的语法和语义规则,从而生成符合规范且功能完整的代码片段,不仅有助于快速开发原型和解决方案,还能为开发者提供灵感和参考。

对于代码语言转换,大模型利用多语言学习的能力,可以识别不同编程语言之间的语法差异和语义对应关系,实现代码在不同语言之间的自动转换,极大地提高了跨语言开发的效率,降低了学习和使用新语言的门槛。

在生成代码注释方面,大模型通过分析代码的结构和逻辑,能够生成简洁明了的注释,帮助其他开发者更好地理解代码的功能和用途,不仅提高了代码的可读性和可维护性,还有助于团队协作和知识传承。

在代码解析方面,大模型通过深度理解代码的结构、逻辑和依赖关系,能够自动分析代码的功能、性能和潜在问题,对于代码审查、优化和重构具有重要意义,能够提升软件的质量和效率。

使用大模型进行代码生成、转换代码语言、生成代码注释以及解析代码,是人工智能技术在软件开发领域中的重要应用。这些技术不仅能够提高软件开发的效率和质量,还能够推动软件工程的创新和进步。随着技术的不断发展和完善,我们有理由相信,大模型将在未来的软件开发中发挥更加重要的作用。

学习目标

(1)了解大模型生成代码的技术原理。

(2)能使用大模型生成后端代码。

(3)能使用大模型生成前端代码。

(4)能使用大模型生成数据采集代码。

(5)能使用大模型进行数据分析。

任务 5.1　使用 Kimi 编写数据统计代码

任务 5.1
学习助手

任务描述

使用 Kimi 帮助程序员编写 Python 后端代码,用于从文件中读取数据,并统计数据总量和"人工智能"单词在文件中出现的次数。生成 Python 代码后,利用大模型再将其转换为 Java 代码。

任务解析

使用 Kimi 帮助程序员编写后端代码,只需要软件开发人员编写合适的提示词,大模型就能快速生成代码,极大地提高软件开发效率。虽然 Kimi 能生成代码,但是也要求开发人员具有一定的开发经验,因为生成代码只是软件开发的一部分,后续还需了解怎么使用生成的代码以及如何保证代码正常运行。

本案例实现的基本思路如下。

(1) 使用大模型生成 Python 后端代码。

(2) 使用 PyCharm 创建项目,在项目中引入要读取的文件 keywords.txt,把生成的后端代码复制到项目中,测试并运行。

(3) 使用大模型把刚才的 Python 代码转换成 Java 代码。

(4) 打开 idea 创建 Java 项目,在项目中引入要读取的文件 keywords.txt,把转换成的 Java 代码复制到项目中,测试并运行。

任务实现

(1) 打开 Kimi 平台,输入以下提示词。

帮我用 Python 实现一段代码,主要目的是从 keywords.txt 文件中读取数据,并统计数据总量。

确认后,大模型会自动帮我们生成代码,如图 5.1 所示。

生成内容如下。

当然可以。以下是一个简单的 Python 脚本,它会读取名为'keywords.txt'的文件,并统计文件中的总行数,这通常可以作为数据总量的一个指标。

```python
def count_data_in_file(filename):
    try:
        with open(filename, 'r', encoding = 'utf-8') as file:
            # 使用 enumerate 来计数每一行
            total_data = sum(1 for _ in file)
            return total_data
    except FileNotFoundError:
        print(f"错误: 文件 {filename} 未找到。")
        return None
    except Exception as e:
```

```
                    print(f"读取文件时发生错误：{e}")
                    return None

        # 调用函数并传入文件名
        filename = 'keywords.txt'
        total_data = count_data_in_file(filename)
        if total_data is not None:
            print(f"文件 '{filename}' 中的数据总量为：{total_data}")
        ```
```

　　这段代码首先定义了一个函数 count_data_in_file，它接受一个文件名作为参数。函数尝试打开这个文件，并使用 enumerate 来遍历文件的每一行，同时累加行数。如果文件不存在或读取过程中发生其他错误，函数会捕获异常并打印错误消息。

　　请注意，这个脚本假设 keywords.txt 文件的编码是 UTF-8，如果不是，你可能需要更改 open 函数中的 encoding 参数。此外，如果你想要统计的是单词数或其他统计量，你可能需要修改脚本以适应你的具体需求。

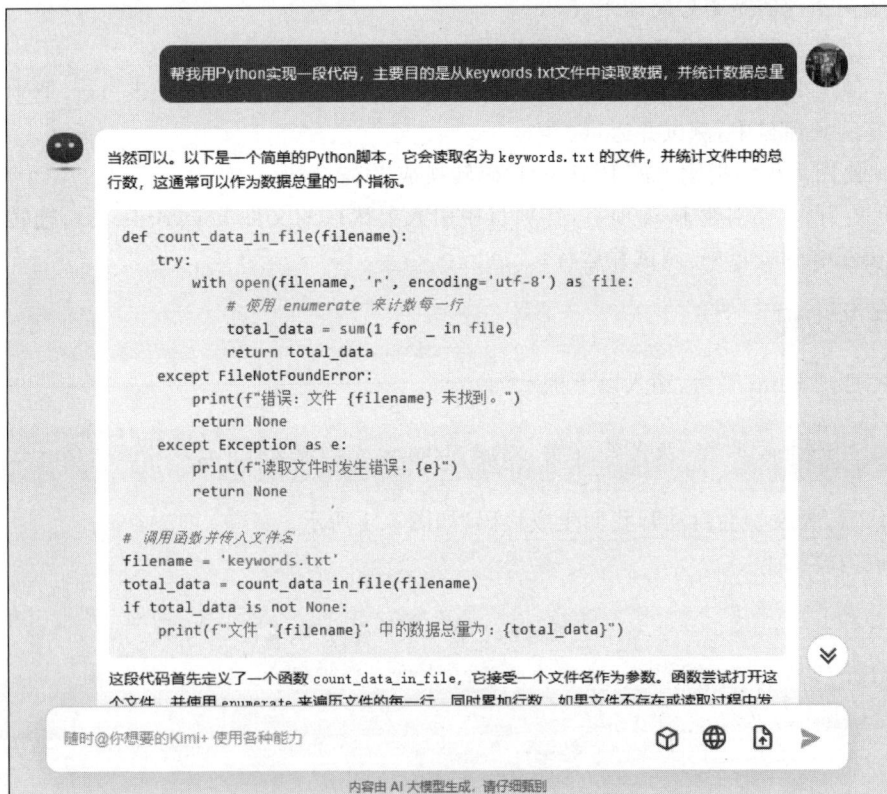

图 5.1　使用 Kimi 生成读取文件代码

　　（2）打开 PyCharm 软件，创建项目 chapter5，如图 5.2 所示。

　　（3）复制 keywords.txt 到项目中。

　　（4）创建 Python 文件 wordcounts.py，如图 5.3 所示。
```

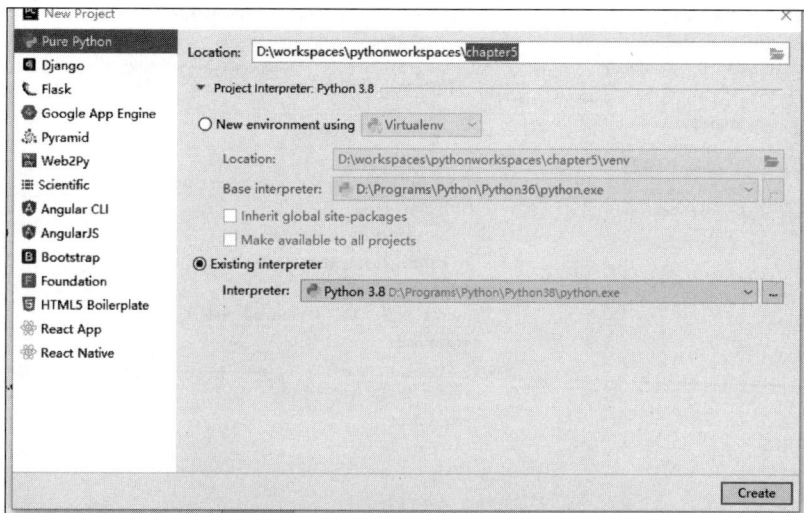

图 5.2　创建项目 chapter5

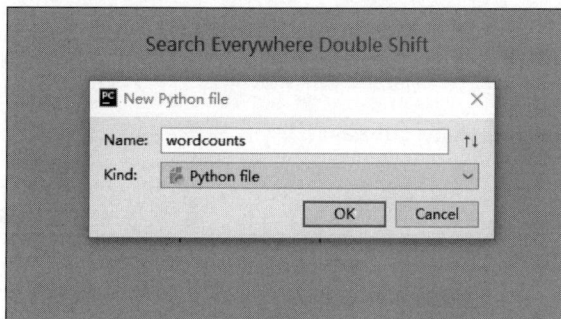

图 5.3　创建 wordcounts.py 文件

（5）复制第（1）步生成的 Python 代码文件到 wordcounts.py 中，执行该文件，如图 5.4 所示。从图中可以看到，使用大模型生成的代码，没有经过修改，能够直接正常执行。

（6）如果想统计出 keywords.txt 文件中，"人工智能"单词出现的次数，可以在输入框中直接输入"再帮我统计出 keywords.txt 文件中，人工智能出现的次数"。大模型会记忆原来的内容，在原来提问的前提下，生成新的代码，如图 5.5 所示。

生成代码内容如下。

好的，我们可以修改上面的脚本，增加一个功能来统计特定关键词"人工智能"在 'keywords.txt' 文件中出现的次数。以下是修改后的 Python 脚本：

```python
def count_keyword_occurrences(filename, keyword):
    try:
        with open(filename, 'r', encoding = 'utf - 8') as file:
            count = 0
            # 逐行读取文件内容
            for line in file:
                # 将每行按空格分割成单词列表
                words = line.split()
```

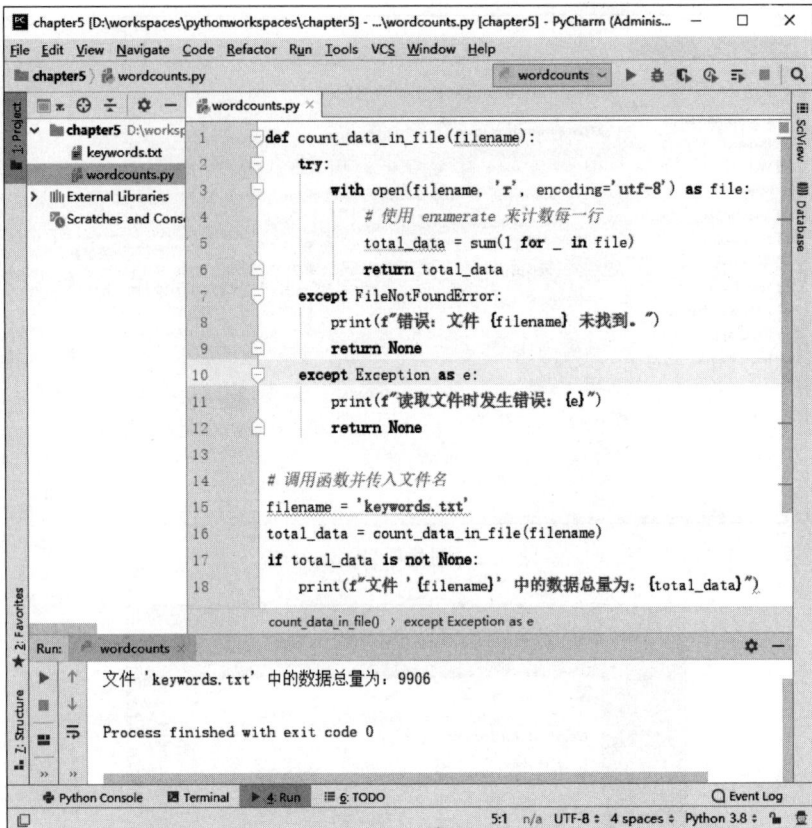

图 5.4   执行 wordcounts.py 文件

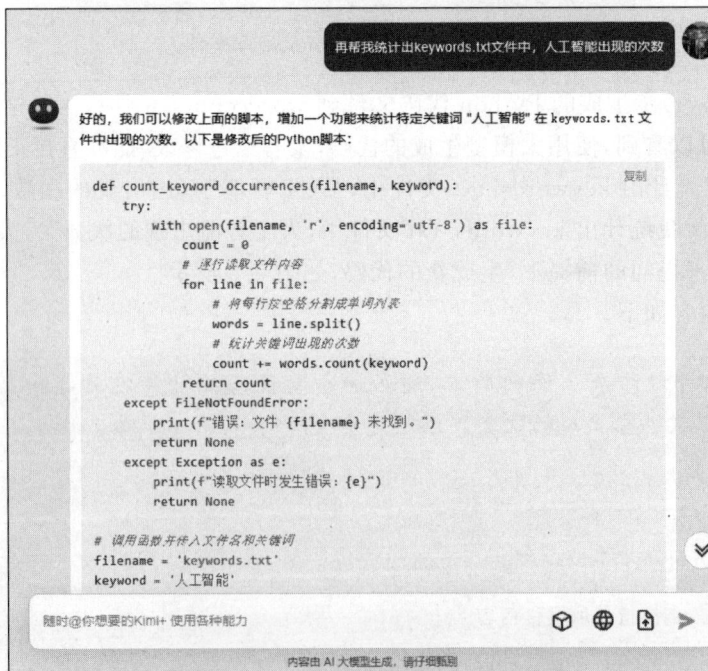

图 5.5   生成统计"人工智能"次数的代码

```
            # 统计关键词出现的次数
            count += words.count(keyword)
        return count
    except FileNotFoundError:
        print(f"错误: 文件 {filename} 未找到。")
        return None
    except Exception as e:
        print(f"读取文件时发生错误: {e}")
        return None
# 调用函数并传入文件名和关键词
filename = 'keywords.txt'
keyword = '人工智能'
occurrences = count_keyword_occurrences(filename, keyword)
if occurrences is not None:
    print(f"关键词 '{keyword}' 在文件 '{filename}' 中出现了 {occurrences} 次。")
```

这段代码定义了一个新函数 count_keyword_occurrences,它接受文件名和关键词作为参数。函数打开文件,并逐行读取,将每行按空格分割成单词列表,然后使用 count 方法统计关键词在列表中出现的次数。最后,函数返回关键词在文件中的总出现次数。

请注意,这个脚本假设关键词"人工智能"会在每行的单词列表中单独出现。如果关键词可能以其他形式出现(例如,作为其他单词的一部分),则需要进一步处理以确保准确的计数。

（7）创建 aicounts.py 文件,把上面生成的代码复制到文件中,直接执行,可以统计出"人工智能"出现的次数,如图 5.6 所示。

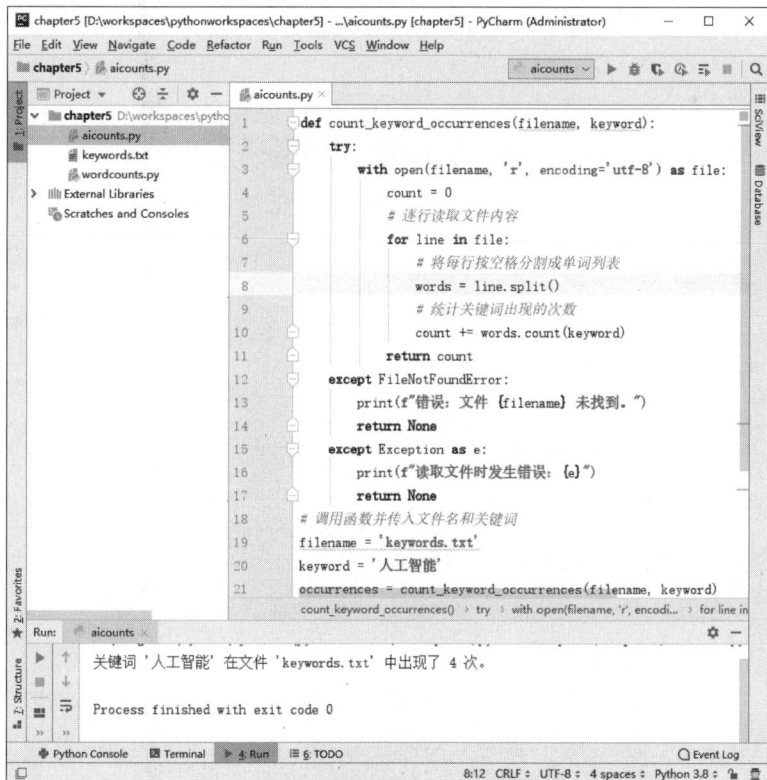

图 5.6　运行 aicounts.py 文件

（8）除了 Python 代码，Java 代码也可以完成数据的统计功能。大模型可以直接把上面的 Python 代码转换为 Java 代码。在输入框中输入提示词"把上面的代码转换为 Java 代码"，大模型会把刚才的代码，转换为 Java 代码，如图 5.7 所示。

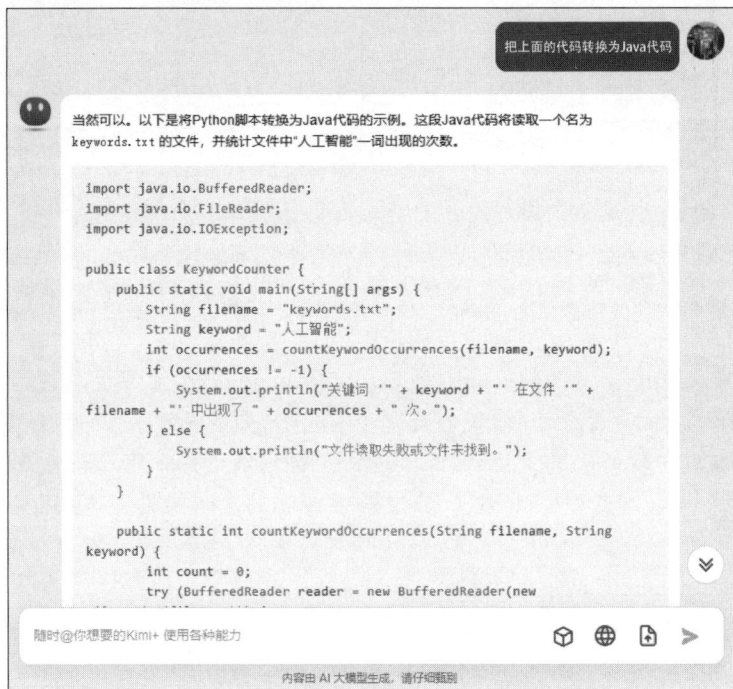

图 5.7　把 Python 代码转换为 Java 代码

生成内容如下。

当然可以。以下是将 Python 脚本转换为 Java 代码的示例。这段 Java 代码将读取一个名为'keywords.txt'的文件，并统计文件中"人工智能"一词出现的次数。

```java
import java.io.BufferedReader;
import java.io.FileReader;
import java.io.IOException;
public class KeywordCounter {
    public static void main(String[] args) {
        String filename = "keywords.txt";
        String keyword = "人工智能";
        int occurrences = countKeywordOccurrences(filename, keyword);
        if (occurrences != -1) {
            System.out.println("关键词 '" + keyword + "' 在文件 '" + filename + "' 中出现了 " + occurrences + " 次。");
        } else {
            System.out.println("文件读取失败或文件未找到。");
        }
    }
    public static int countKeywordOccurrences(String filename, String keyword) {
    int count = 0;
    try (BufferedReader reader = new BufferedReader(new FileReader(filename))) {
        String line;
```

```
            while ((line = reader.readLine()) != null) {
                //将每行按空格分割成单词列表
                String[] words = line.split("\\s+");
                //统计关键词出现的次数
                for (String word : words) {
                    if (keyword.equals(word)) {
                        count++;
                    }
                }
            }
        } catch (IOException e) {
            System.out.println("读取文件时发生错误: " + e.getMessage());
            return -1;
        }
        return count;
    }
}
```
```

这段 Java 代码定义了一个名为 KeywordCounter 的类,其中包含 main 方法和 countKeywordOccurrences 方法。main 方法用于执行程序并调用 countKeywordOccurrences 方法。countKeywordOccurrences 方法使用 BufferedReader 来读取文件,并使用 FileReader 来打开文件。它逐行读取文件内容,分割每行成单词,并统计关键词出现的次数。如果文件读取过程中发生异常,它会捕获异常并返回-1 作为错误指示。

请注意,这个 Java 程序使用了 try-with-resources 语句来自动关闭 BufferedReader。此外,split 方法使用正则表达式\\s+来分割行,这样可以匹配一个或多个空格。如果关键词可能以其他形式出现(例如,作为其他单词的一部分,或者包含标点符号),则需要进一步处理以确保准确的计数。

(9) 在 idea 中,创建 Java 项目,复制上面生成的 Java 代码,运行该代码,如图 5.8 所示。

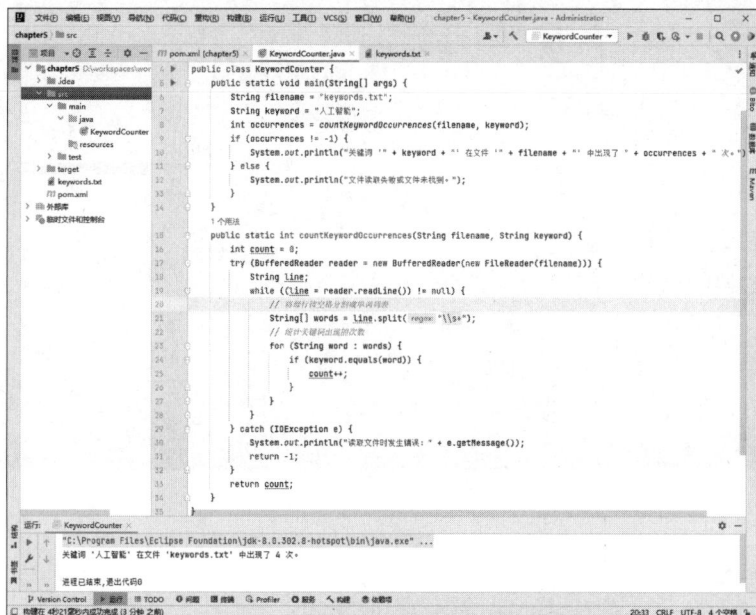

图 5.8　在 Java 中执行数据统计代码
```

任务 5.2　使用 Trae 编写前端登录页面

任务描述

任务 5.2
学习助手

使用 Trae 编写学生评价综合管理的登录页面,若用户名和密码输入正确,则跳转到后面的管理页面 admin. html,否则显示登录失败。

任务解析

Trae 由字节跳动发布的 AI 原生编程工具,具有支持 AI 问答、代码自动补全、基于 Agent 的 AI 编程等功能,可以帮助程序员自动化完成开发任务,并在一些项目中可以实现端到端开发,用户提问后能够直接生成完整的代码项目。Trae 是国内首个 AI IDE,能够深度理解中文开发场景,高度集成于 IDE 环境之中,可带来比 AI 插件更加流畅、准确、优质的开发体验。

利用 Kimi 编写代码,是在 Kimi 中编写好代码后,再复制代码到 IDE 中。与 Kimi 不同,Trae 本身就是 IDE,所以可以在 Trae 中生成代码,直接运行,这样可提高程序员的代码编写效率。使用 Trae 前,需要安装 Trae,下面是 Trae 的安装过程及配置。

1. 安装并启动 Trae

输入网址 https://www.trae.com.cn/home,进入 Trae 的官网,下载并安装 Trae。安装成功后,Trae 首次启动时,会进入以下页面,如图 5.9 所示。

图 5.9　首次启动 Trae

2. 选择主题和语言

单击"开始"按钮,进行初始配置,如图 5.10 所示。

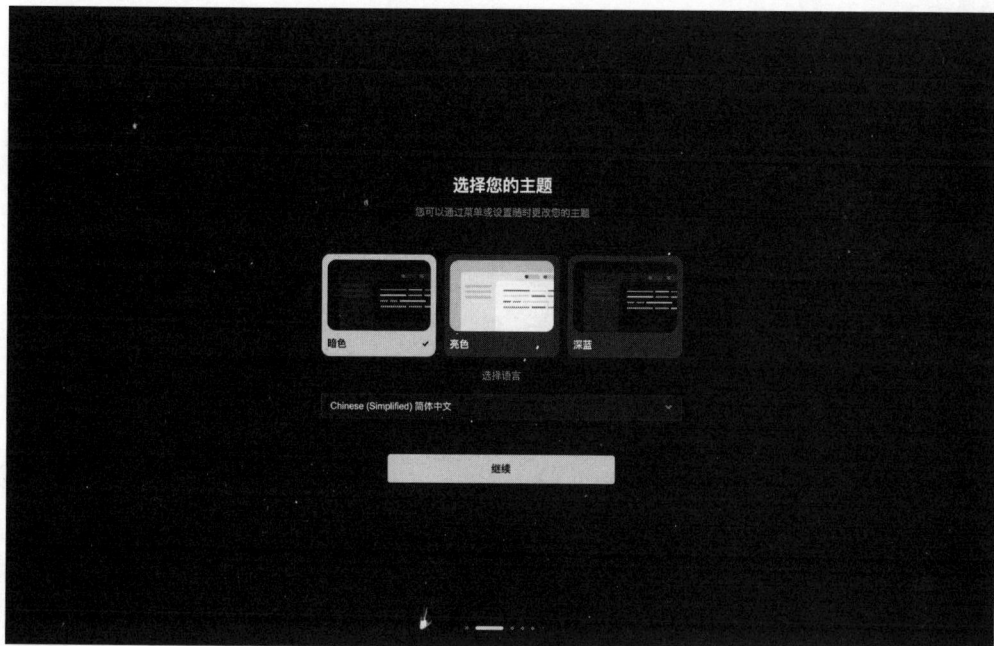

图 5.10　初始配置

主题可选项为暗色、亮色和深蓝，显示语言可选项为简体中文和 English。若有需要，后续可以在设置中心修改主题和语言。

3. 从 VS Code 或 Cursor 中导入配置

若你的计算机中已安装并配置 VS Code 或 Cursor，你可以单击"从 VS Code 导入"或"从 Cursor 导入"按钮，系统将会从对应的 IDE 中获取插件、IDE 设置、快捷键设置等信息并一键导入到 Trae 中，帮助你快速从其他 IDE 切换到 Trae，如图 5.11 所示。

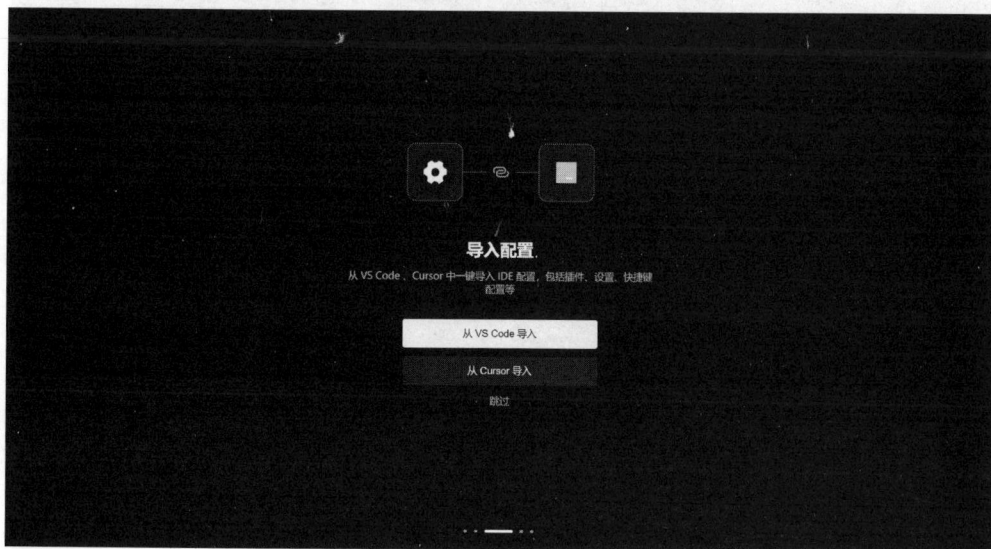

图 5.11　导入配置

4. 添加 Trae 相关的命令行

单击"安装'trae'命令",添加命令行,如图 5.12 所示。

图 5.12　添加命令行

添加 Trae 相关的命令行后,可以在终端中使用命令行更快速地完成 Trae 相关的操作。例如,使用 trae 命令快速唤起 Trae,使用 trae my-react-app 命令在 Trae 中打开一个项目。

5. 登录账号

输入手机号或稀土掘金账号登录 Trae。完成登录后才可以在 Trae 中使用 AI 服务,如图 5.13 所示。

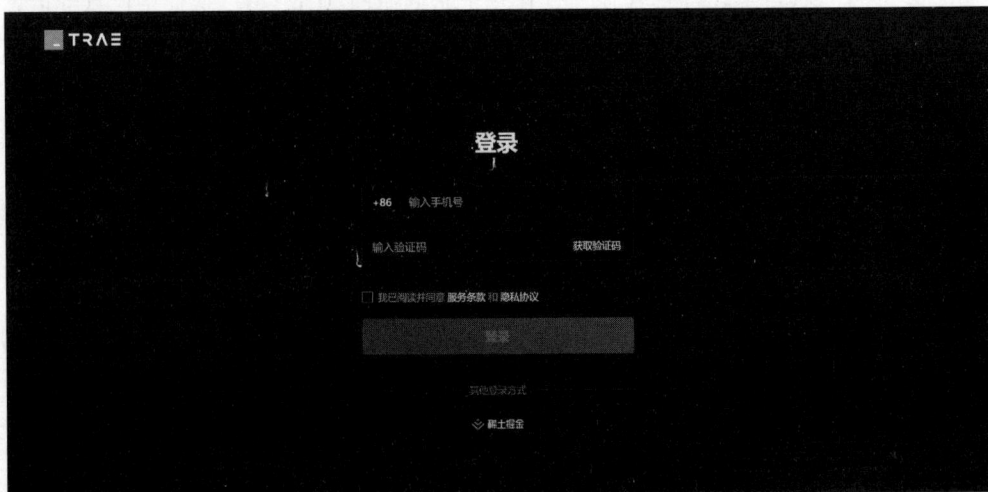

图 5.13　登录 Trae 账号

6. 使用 Trae

登录成功后,就可以在 Trae 中使用 AI 服务了,如图 5.14 所示。

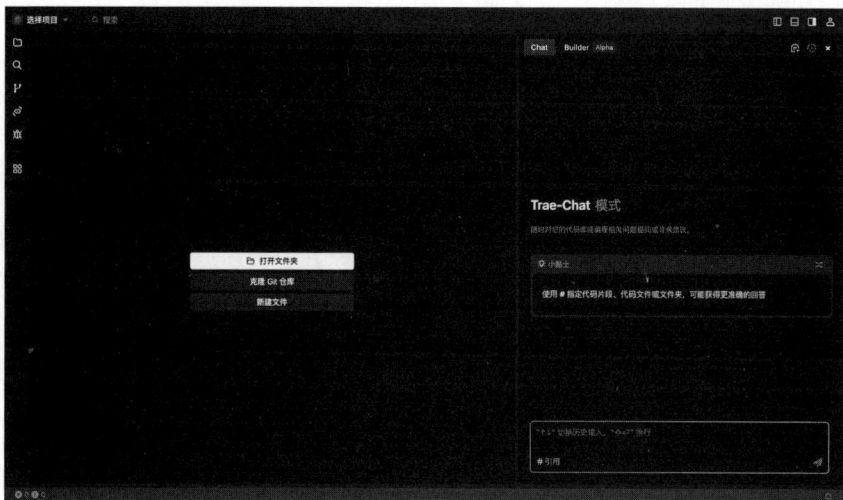

图 5.14　使用 Trae-Chat 对话

任务实现

1. 在输入框中输入提示词

提示词越详细,生成的前端页面就越接近我们的需求。本次输入的提示词内容如下。

> 帮我生成一个学生评价综合管理的登录页面,要求登录模块居中显示,第一行显示标题"学生评价综合管理用户登录",第二行输入用户,第三行输入登录密码,第四行输入验证码,第五行是登录按钮,按钮颜色是蓝色,页面主色调为蓝色。如果输入的用户名是 admin,密码是 888,则跳转到后面的管理页面 admin.html,否则显示登录失败。

选择 Deep-Reasoner 模型生成前端登录页面,如图 5.15 所示。

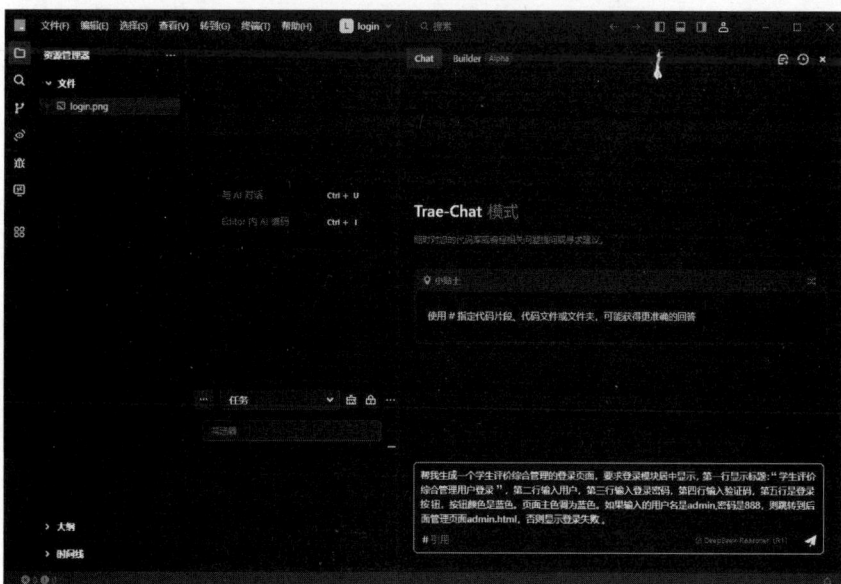

图 5.15　生成前端登录页面

生成内容如下。

好的,我现在需要帮用户生成一个符合要求的登录页面。首先,用户的需求很明确:一个学生评价综合管理的登录页面,包含标题、用户名输入、密码输入、验证码和登录按钮,且页面主色调为蓝色。同时,如果用户名是admin,密码是888,则跳转到admin.html,否则显示登录失败。

首先,我需要考虑页面布局。用户要求登录模块居中显示,所以应该使用Flexbox布局,这样可以让内容在水平和垂直方向上都居中。设置body的display为flex,并调整justify-content和align-items为center,同时设置高度为100vh,确保全屏显示。

接下来是标题部分,第一行显示"学生评价综合管理用户登录",需要用较大的字体并加粗,颜色使用蓝色,与主色调一致。然后依次排列用户名、密码、验证码的输入框,每个输入框都需要对应的标签。验证码部分可能需要额外的样式,比如将输入框和验证码图片放在同一行,这里可以用flex布局来实现。

登录按钮需要蓝色背景,用户明确指定了颜色。所以给按钮设置background-color为蓝色,同时调整文字颜色为白色,确保可读性。按钮的宽度可以设置为100%,使其充满容器。

然后是表单验证和跳转逻辑。需要给表单添加onsubmit事件处理函数,在JavaScript中获取用户名和密码的值,检查是否为admin和888。如果正确,跳转到admin.html;否则,显示错误信息。这里需要在HTML中添加一个用于显示错误信息的div,初始时隐藏,当登录失败时显示红色错误提示。

验证码部分,用户可能没有提到具体如何生成,但根据常规做法,可能需要一个图片或随机生成的数字。这里暂时使用静态文本"ABC12"作为示例,后续可以扩展为动态生成。但根据用户需求,可能暂时不需要复杂处理,所以保持简单。

最后,确保所有样式和脚本都内部嵌入在HTML文件中,不需要外部文件,这样用户可以直接保存为一个文件并运行。测试时,输入正确的用户名和密码应该跳转,否则显示错误信息。

检查是否有遗漏的需求点,比如页面主色调是否全部应用,输入框和按钮的样式是否符合要求,以及跳转逻辑是否正确。确认无误后,整理代码结构,确保缩进和注释清晰,方便用户理解。

根据需求,我为您创建一个包含表单验证和页面跳转功能的登录页面。以下是实现代码:

```html
<!DOCTYPE html>
<html lang="zh-CN">
<head>
    <meta charset="UTF-8">
    <title>学生评价综合管理系统</title>
    <style>
        body {
            margin: 0;
```

```
        padding: 0;
        height: 100vh;
        display: flex;
        justify - content: center;
        align - items: center;
        background - color: ♯f0f8ff;
    }
    .login - box {
        width: 400px;
        padding: 30px;
        background: white;
        border - radius: 8px;
        box - shadow: 0 0 15px rgba(0, 0, 255, 0.1);
    }
    h1 {
        text - align: center;
        color: ♯2196F3;
        margin - bottom: 30px;
    }
    .input - group {
        margin - bottom: 20px;
    }
    input {
        width: 100 % ;
        padding: 10px;
        border: 1px solid ♯90caf9;
        border - radius: 4px;
        box - sizing: border - box;
    }
    .captcha - box {
        display: flex;
        gap: 10px;
        margin - bottom: 20px;
    }
    ♯captcha - img {
        width: 120px;
        height: 40px;
        background: ♯e3f2fd;
        display: flex;
        align - items: center;
        justify - content: center;
        border - radius: 4px;
    }
    button {
        width: 100 % ;
        padding: 12px;
        background - color: ♯2196F3;
        color: white;
        border: none;
        border - radius: 4px;
        cursor: pointer;
    }
    .error - msg {
```

```
                color: red;
                text - align: center;
                margin - top: 10px;
                display: none;
            }
        </style>
    </head>
    <body>
        <div class = "login - box">
            <h1>学生评价综合管理用户登录</h1>
            <form onsubmit = "return validateForm(event)">
                <div class = "input - group">
                    <input type = "text" placeholder = "用户名" id = "username" required>
                </div>
                <div class = "input - group">
                    <input type = "password" placeholder = "密码" id = "password" required>
                </div>
                <div class = "captcha - box">
                    <input type = "text" placeholder = "验证码" id = "captcha" required>
                    <div id = "captcha - img">ABC12</div>
                </div>
                <button type = "submit">登录</button>
                <div class = "error - msg" id = "errorMsg">用户名或密码错误!</div>
        </form>
    </div>
    <script>
        function validateForm(event) {
            event.preventDefault();
            const username = document.getElementById('username').value;
            const password = document.getElementById('password').value;
            const errorMsg = document.getElementById('errorMsg');

            if (username === 'admin' && password === '888') {
                window.location.href = 'admin.html';
            } else {
                errorMsg.style.display = 'block';
            }
            return false;
        }
    </script>
</body>
</html>
    ```
    ```
```

主要功能说明如下。

(1) 页面使用 Flex 布局实现居中显示,主色调为蓝色系(#2196F3)。

(2) 包含标题、用户名、密码、验证码输入和登录按钮五部分。

(3) 表单提交时进行验证以下信息。

① 当用户名为 admin 且密码为 888 时跳转到 admin.html。

② 否则显示红色错误提示。

（4）包含基本样式优化如下。

① 输入框聚焦时有蓝色边框。

② 登录按钮带有 hover 效果。

③ 错误信息动态显示。

（5）验证码区域已预留位置（当前为静态示例）。

您可以创建配套的 admin.html 文件来测试跳转功能。保存代码后直接使用浏览器打开即可使用。

Trae 根据要求生成了 login.html，在生成的这个页面代码的右上角单击"应用"，就会创建对应的 HTML 页面，如图 5.16 所示。

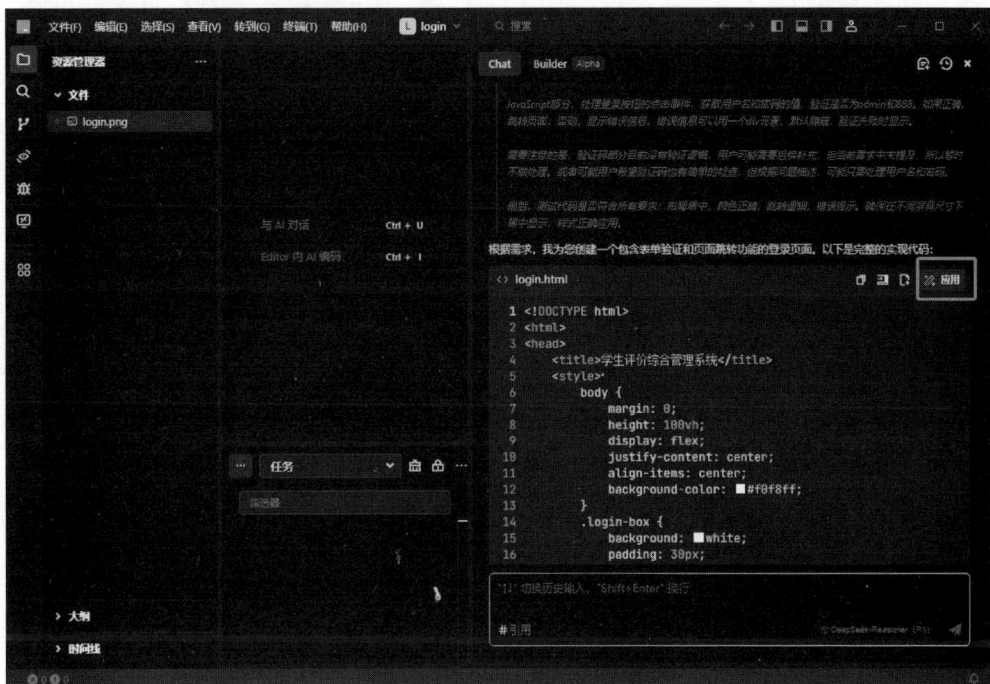

图 5.16　应用生成的代码

2. 创建测试页面 admin.html

在输入框中，输入提示词"创建一个测试登录成功后的页面 admin.html"，使用 Trae 创建登录成功后的 admin.html，并应用。

生成内容如下。

好的，用户让我创建一个测试登录成功后的页面 admin.html，这个页面是在用户输入正确的用户名和密码后跳转的。首先，我需要确保 admin.html 和 login.html 在同一个目录下，也就是 D:\test\trace\login\，这样 window.location.href 才能正确跳转。

接下来，页面内容方面，用户可能希望看到一个简单的管理界面，显示登录成功的信息，并且有一个返回登录页面的链接。标题应该与登录页对应，比如"学生评价综合管理系统-管理后台"。样式方面需要保持与登录页面一致的主色调,也就是蓝色系,所以我会沿用相同的颜色代码,比如♯2196F3作为按钮和标题的颜色。

布局部分,管理页面同样需要居中显示,使用Flex布局,这样看起来整洁。内容区域可能需要一个带有阴影的盒子,类似登录框的设计,保持整体风格统一。内容里面应该包括欢迎用户的提示,比如"欢迎管理员admin",以及一个返回登录页的链接,方便测试。

安全性方面,虽然用户只是测试,但可能需要考虑如果直接访问admin.html是否应该限制。不过用户可能只需要简单的跳转测试,所以暂时不处理权限控制,保持简单。

在代码结构上,HTML结构应该与login.html类似,包含头部、样式、主体内容。样式部分可以直接复制登录页的部分样式,比如body的背景色、admin-box的阴影和边距等。按钮的样式要保持一致,比如蓝色背景、白色文字、圆角边框等。

最后,需要确保admin.html的路径正确,并且用户知道如何测试。可能需要提醒用户将admin.html放在与login.html同一目录下,并直接通过浏览器打开login.html进行测试。

根据登录页面的设计,为您创建配套的管理页面:

```html
<!DOCTYPE html>
<html lang="zh-CN">
<head>
    <meta charset="UTF-8">
    <title>学生评价综合管理系统 - 管理后台</title>
    <style>
        body {
            margin: 0;
            padding: 0;
            height: 100vh;
            display: flex;
            flex-direction: column;
            align-items: center;
            background-color: ♯f0f8ff;
            font-family: Arial, sans-serif;
        }
        .admin-box {
            width: 800px;
            margin-top: 50px;
            padding: 30px;
            background: white;
            border-radius: 8px;
            box-shadow: 0 0 15px rgba(0, 0, 255, 0.1);
        }
        h1 {
            color: ♯2196F3;
            text-align: center;
            margin-bottom: 30px;
        }
        .welcome-msg {
            font-size: 18px;
            color: ♯333;
```

```
            text - align: center;
            margin - bottom: 30px;
        }
        .back - btn {
            display: block;
            width: 200px;
            margin: 20px auto;
            padding: 12px;
            background - color: #2196F3;
            color: white;
            text - align: center;
            text - decoration: none;
            border - radius: 4px;
            cursor: pointer;
        }
        .back - btn:hover {
            background - color: #1976D2;
        }
    </style>
</head>
<body>
    <div class = "admin - box">
        <h1>学生评价综合管理后台</h1>
        <div class = "welcome - msg">欢迎管理员 admin</div>
        <!-- 这里可以添加更多管理功能模块 -->
        <a href = "login.html" class = "back - btn">返回登录页面</a>
    </div>
</body>
</html>
```
```

主要特点说明如下。

(1) 保持与登录页面一致的蓝色主色调(#2196F3)和页面布局风格。

(2) 包含醒目的欢迎提示和管理后台标题。

(3) 添加了返回登录页面的按钮,方便测试跳转功能。

(4) 采用相同的阴影效果和圆角设计,保持界面风格统一。

(5) 预留了扩展管理功能模块的位置。

测试方法如下。

(1) 将两个 HTML 文件放在同一目录下(D:\test\trace\login\)。

(2) 在登录页输入以下内容。

① 用户名：admin。

② 密码：888。

(3) 单击登录后会自动跳转到管理后台页面。

(4) 单击"返回登录页面"按钮可回到登录页。

当前管理页面包含基础框架,您可以根据实际需求添加表格、数据统计图表等功能模块。
```

3. 打开 login.html

进入 login.html 所在目录，使用浏览器打开 login.html，如图 5.17 所示。

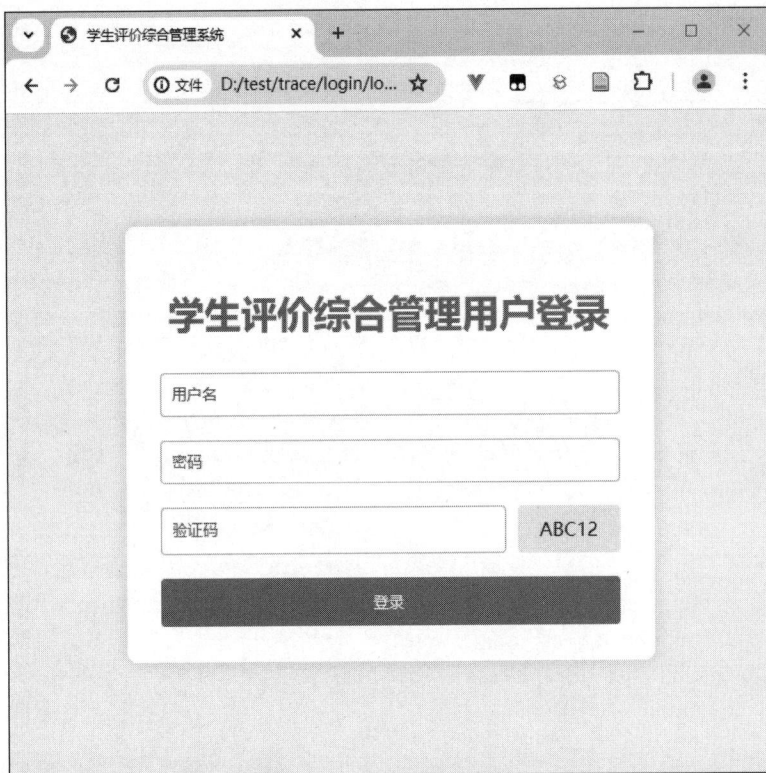

图 5.17   运行登录页面

在登录框输入用户名：admin，密码：888，进入登录成功页面 admin.html，如图 5.18 所示。

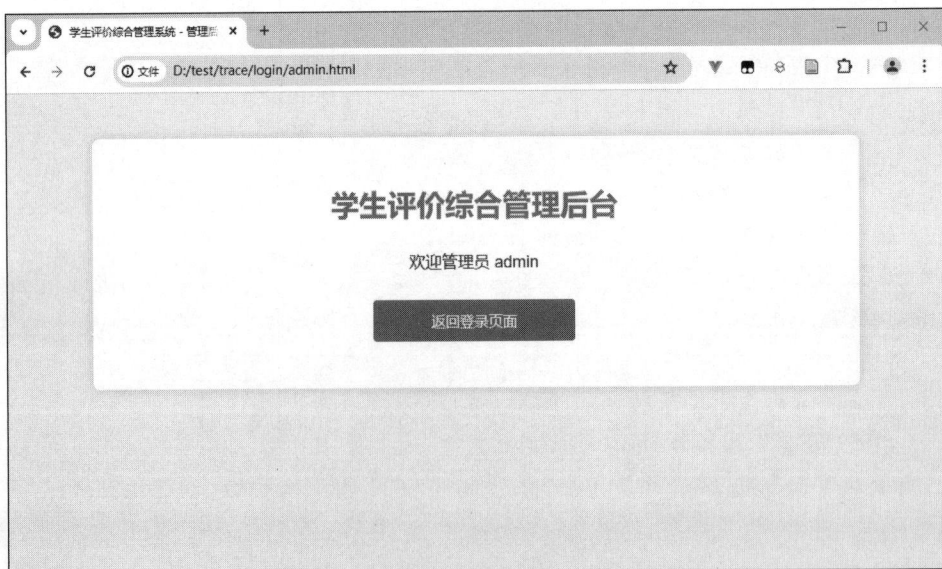

图 5.18   登录成功页面

否则提示登录失败,如图 5.19 所示

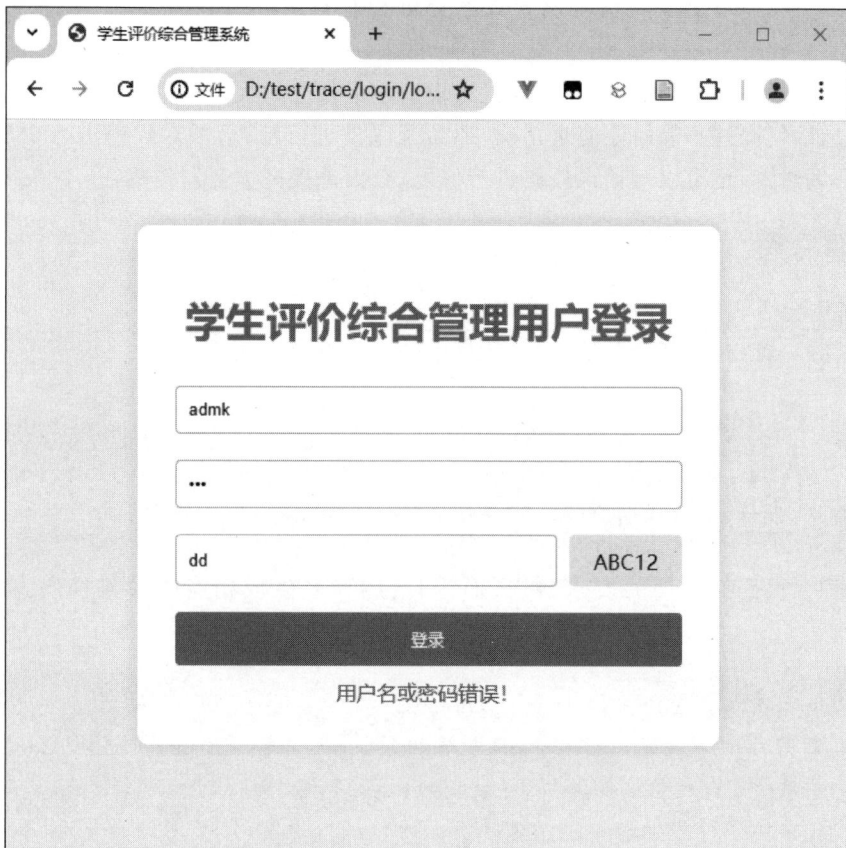

图 5.19　登录失败页面

任务 5.3　使用 Trae 编写采集豆瓣读书网图书信息的代码

任务描述

编写采集豆瓣读书网(https://book.douban.com/top250)图书信息的代码,把采集到的数据保存在 book.xlsx 文件中。

任务 5.3
学习助手

任务解析

AI 大模型凭借其强大的语言理解和生成能力,已成为程序员快速生成采集网页数据代码的重要工具。在传统的网页数据采集过程中,程序员需要编写大量的代码来处理网页结构、解析数据,并处理可能出现的各种异常情况。这一过程既烦琐又耗时。

然而,有了大模型的帮助,程序员只需简单描述他们想要采集的数据类型、网页结构或特定的数据字段,大模型就能根据这些要求快速生成相应的代码。这些代码通常包括使用 HTTP 请求获取网页内容、使用 HTML 解析库提取数据,以及处理异常和错误的逻辑。

使用大模型生成代码不仅大大节省了程序员的时间和精力,还提高了代码的质量和准确性。程序员可以将更多的精力投入数据分析和业务逻辑的开发上,而不是烦琐的数据采集。

本任务是通过输入合适的提示词,让大模型生成相应的数据采集代码。需要注意的是,大模型生成的代码并不能保证完全正确,还需程序员进行检查,并对代码进行少量的调整。使用 Trae 编辑器,也可以对错误代码进行修复,极大地提高了开发效率。

任务实现

1. 新建会话

打开 Trae 编辑器,新建会话,在对话框中输入以下提示词。

> 你是一个 Python 编程专家,要完成一个爬取网页内容的 Python 脚本,爬取的网页为豆瓣读书 Top 250,页面地址如下:https://book.douban.com/top250.请把网页中图书的名称、作者、出版社、出版日期、价格、好评指数读取到 book.xls 文件中。

大模型会根据提示词的要求,对页面进行分析,并生成相应的采集代码。生成内容如下。

> 好的,我现在需要帮用户写一个 Python 爬虫脚本,用来爬取豆瓣读书 Top 250 的信息,并将结果保存到 Excel 文件中。用户给的页面地址是:https://book.douban.com/top250.我得考虑如何爬取这些数据,并处理可能遇到的反爬机制。
>
> 首先,我需要分析豆瓣读书 Top 250 页面的结构。通常,这类网站会有分页,每页显示若干本书,比如每页 25 本,总共 10 页。我需要遍历每一页来获取所有数据。不过,用户提供的 URL 可能只是第一页,所以需要找到分页的规律。
>
> 接下来,检查页面的 HTML 结构,确定书名、作者、出版社、出版日期、价格和评分所在的标签。使用开发者工具查看,可能每个书籍信息都在一个<li>标签里,class 可能是某种特定的,比如"item"。然后,每个信息项可能需要通过不同的 class 或标签来提取,比如书名可能在< div class="pl2">下的 a 标签里,作者和出版社可能在< div class="pl">里,评分可能在< span class="rating_nums">里。
>
> 然后,考虑到豆瓣可能有反爬措施,比如检查 User-Agent,或者限制频繁访问。所以需要在请求头中设置 User-Agent,模拟浏览器访问,并且添加适当的延迟,比如使用 time.sleep()来避免被封 IP。
>
> 接下来,使用 requests 库发送 HTTP 请求,获取页面内容。如果遇到 403 错误,可能需要更换 User-Agent 或者使用代理。然后,用 BeautifulSoup 解析 HTML 内容,提取所需的数据。
>
> 对于分页处理,观察 URL 的变化。例如,第一页是 start=0,第二页是 start=25,依此类推,直到 start=225。因此,可以用一个循环,每次增加 25,共 10 次,来遍历所有页面。
>
> 数据提取时,要注意处理可能缺失的数据。例如,有些书籍可能没有价格信息,或者出版社信息格式不一致,需要用正则表达式或字符串处理来提取出版日期和价格。例如,出版

信息可能是一个字符串,如"作者 / 出版社 / 出版日期 / 定价",需要用 split 方法分割,并处理可能的空白或缺失部分。

保存数据到 Excel 文件,可以使用 openpyxl 库或者 pandas 的 DataFrame。这里用户要求保存为 .xls 文件,虽然 pandas 通常用 .xlsx,但可以指定引擎为 xlwt 来支持旧格式。不过需要注意,xlwt 不支持超过 65536 行,但这里只有 250 条数据,所以没问题。

最后,测试脚本是否正常工作,检查是否有遗漏的数据或格式错误。可能需要处理异常,比如网络请求失败,或页面结构变化导致的解析错误,添加 try-except 块来增强脚本的健壮性。

总结步骤如下。

(1) 遍历所有页面,构造每个页面的 URL。

(2) 发送 HTTP 请求,获取页面内容。

(3) 解析 HTML,提取每本书的信息。

(4) 处理提取的数据,分割作者、出版社、出版日期和价格。

(5) 将数据保存到 Excel 文件中。

(6) 处理反爬机制,设置请求头和延迟。

这里为您编写一个爬取豆瓣读书 Top250 的 Python 脚本,使用 requests 和 BeautifulSoup 实现:

```python
import requests
from bs4 import BeautifulSoup
import xlwt
import time
import re
# 创建 Excel 工作簿
wb = xlwt.Workbook(encoding = 'utf - 8')
ws = wb.add_sheet('豆瓣图书 Top250')
# 写入表头
headers = ['书名', '作者', '出版社', '出版日期', '价格', '评分']
for col, header in enumerate(headers):
    ws.write(0, col, header)
row = 1 # 数据从第二行开始
def get_book_info(url):
    global row
    headers = {
        'User - Agent': 'Mozilla/5.0 (Windows NT 10.0; Win64; x64) AppleWebKit/537.36 (KHTML,
like Gecko) Chrome/58.0.3029.110 Safari/537.3'}

    response = requests.get(url, headers = headers)
    soup = BeautifulSoup(response.text, 'html.parser')
    for item in soup.find_all('tr', class_ = 'item'):
        try:
            # 提取书名
            title = item.find('div', class_ = 'pl2').a.text.strip()

            # 提取出版信息
            pub_info = item.find('p', class_ = 'pl').text.split('/')
```

```
            author = pub_info[0].strip()
            publisher = pub_info[-3].strip() if len(pub_info) >= 4 else ''
            pub_date = pub_info[-2].strip()
            price = re.search(r'\d+\.?\d*', pub_info[-1]).group() if pub_info else ''

            # 提取评分
            rating = item.find('span', class_ = 'rating_nums').text

            # 写入数据
            ws.write(row, 0, title)
            ws.write(row, 1, author)
            ws.write(row, 2, publisher)
            ws.write(row, 3, pub_date)
            ws.write(row, 4, price)
            ws.write(row, 5, rating)
            row += 1
        except Exception as e:
            print(f"Error processing item: {e}")
            continue

        time.sleep(1) # 防止请求过快
# 爬取所有页面(每页 25 条,共 10 页)
for page in range(0, 250, 25):
    url = f'https://book.douban.com/top250?start={page}'
    print(f'正在爬取:{url}')
    get_book_info(url)
    time.sleep(3) # 设置请求间隔
# 保存文件
wb.save('d:\test\trace\login\book.xls')
print('数据已保存到 book.xls')
```
```

主要功能说明如下。

(1) 使用随机 User～Agent 头避免被反爬。

(2) 自动处理分页(共 10 页)。

(3) 数据字段包含:

　　- 书名。

　　- 作者。

　　- 出版社。

　　- 出版日期。

　　- 价格(自动提取数字部分)。

　　- 豆瓣评分。

使用说明如下。

(1) 安装依赖库。

```bash
pip install requests beautifulsoup4 xlwt
```
```

（2）运行脚本。

```bash
python douban_book_scraper.py
```

注意事项如下。

（1）爬虫间隔时间设置为3秒/页，符合道德爬取规范。

（2）自动处理价格字段中的非数字字符。

（3）异常处理机制保证程序稳定性。

（4）输出文件路径为 d:\test\trace\login\book.xls。

如果需要调整保存路径，可以修改代码最后 wb.save() 中的文件路径。

　　从生成的内容来看，大模型确实是一个非常专业的爬虫专家，它的分析过程为我们学习爬虫采集提供了一个非常好的思路。大模型生成的代码，也非常注意道德规范，为了不给对方服务器造成大的压力，把爬虫的间隔时间设置为了3秒/页。

2. 保存代码

　　在生成的代码右上角，单击"应用"，就可以把生成的代码保存为 python 文件，如图5.20所示。

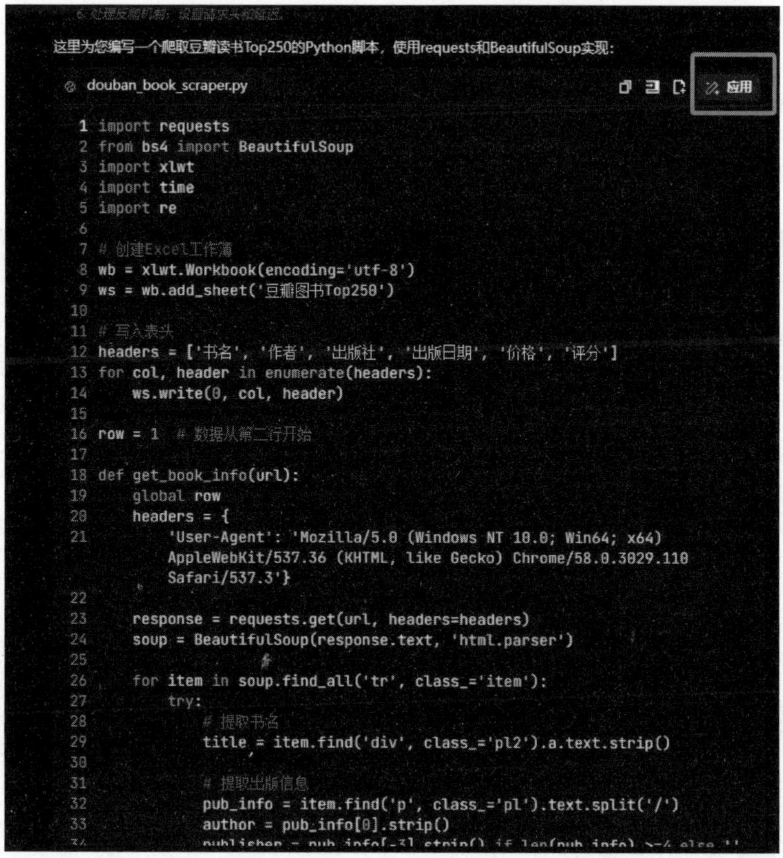

图 5.20　应用爬虫代码

3. 安装依赖库

爬虫运行时,需要安装相应的依赖库,依赖库不需要我们手动安装,大模型已帮我们处理好,只要单击"运行"按钮,大模型便会自动安装相应的依赖库,如图 5.21 所示。

图 5.21　安装依赖库

4. 执行爬虫脚本

如果要执行爬虫脚本,在图 5.21 中找到运行脚本,再单击"运行"按钮即可。爬取页面的过程会在终端中显示,如图 5.22 所示。

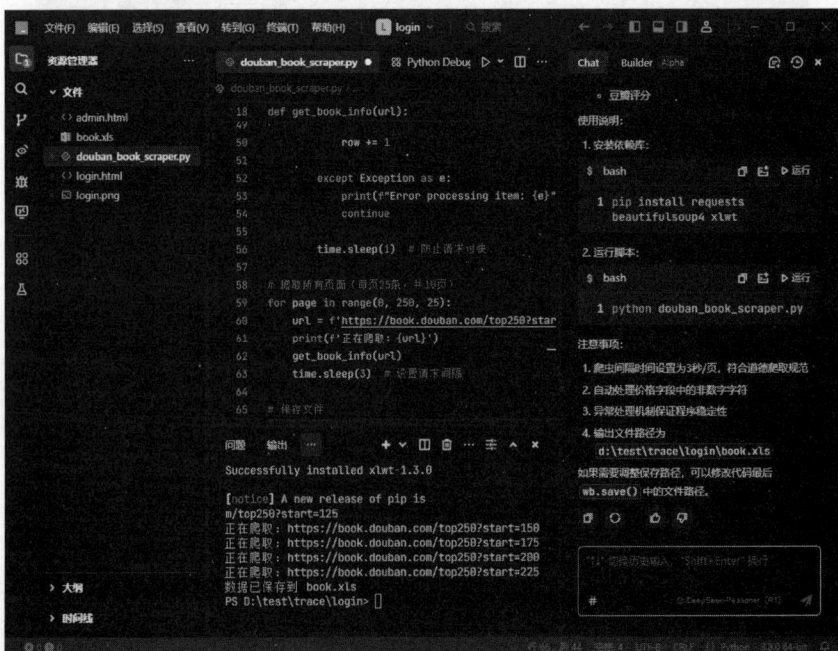

图 5.22　爬取数据过程

5. 生成并打开文件

爬取结束后,会在目录下生成 book. xls 文件。进入目录,打开 book. xls 文件即可查看数据结果,如图 5.23 所示。

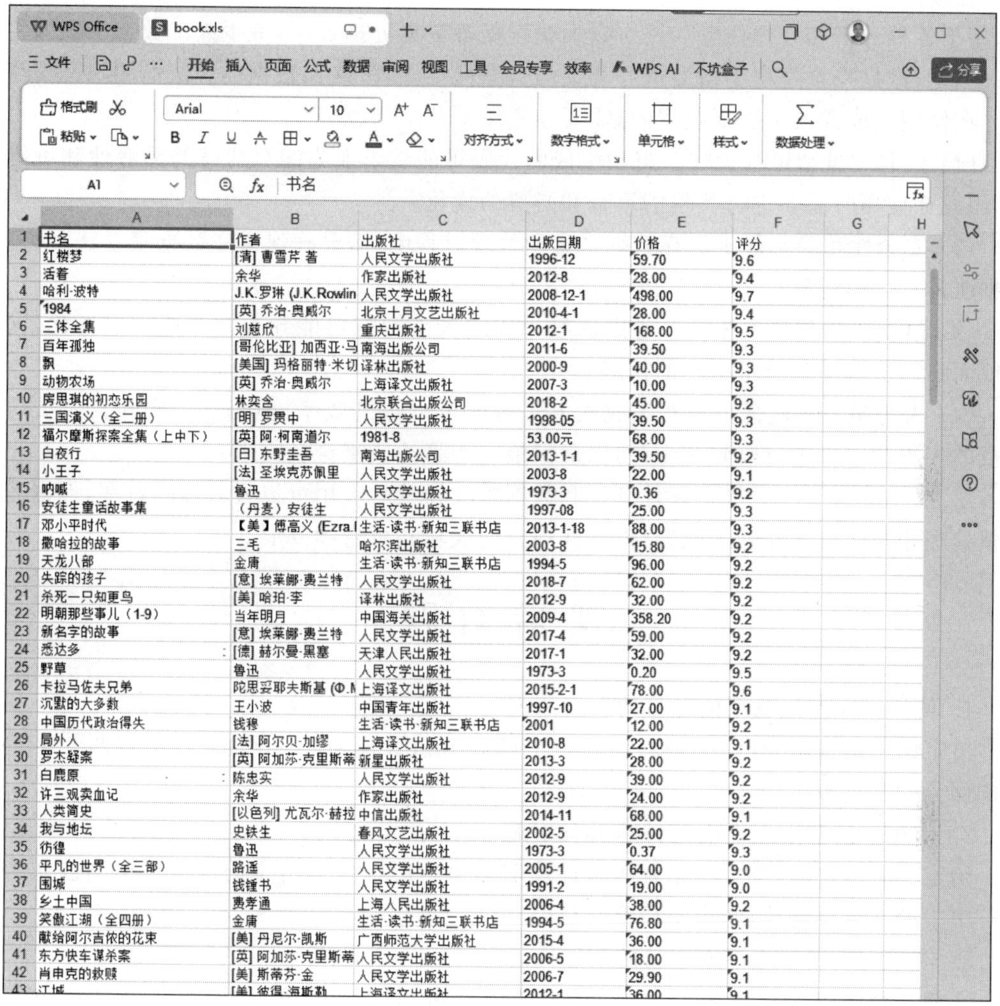

	A	B	C	D	E	F
1	书名	作者	出版社	出版日期	价格	评分
2	红楼梦	[清] 曹雪芹 著	人民文学出版社	1996-12	59.70	9.6
3	活着	余华	作家出版社	2012-8	28.00	9.4
4	哈利·波特	J.K.罗琳 (J.K.Rowlin	人民文学出版社	2008-12-1	498.00	9.7
5	1984	[英] 乔治·奥威尔	北京十月文艺出版社	2010-4-1	28.00	9.4
6	三体全集	刘慈欣	重庆出版社	2012-1	168.00	9.5
7	百年孤独	[哥伦比亚] 加西亚·马	南海出版公司	2011-6	39.50	9.3
8	飘	[美国] 玛格丽特·米切	译林出版社	2000-9	40.00	9.3
9	动物农场	[英] 乔治·奥威尔	上海译文出版社	2007-3	10.00	9.3
10	房思琪的初恋乐园	林奕含	北京联合出版公司	2018-2	45.00	9.2
11	三国演义(全二册)	[明] 罗贯中	人民文学出版社	1998-05	39.50	9.3
12	福尔摩斯探案全集(上中下)	[英] 阿·柯南道尔	1981-8	53.00元	68.00	9.3
13	白夜行	[日] 东野圭吾	南海出版公司	2013-1-1	39.50	9.2
14	小王子	[法] 圣埃克苏佩里	人民文学出版社	2003-8	22.00	9.1
15	呐喊	鲁迅	人民文学出版社	1973-3	0.36	9.2
16	安徒生童话故事集	(丹麦)安徒生	人民文学出版社	1997-08	25.00	9.3
17	邓小平时代	【美】傅高义 (Ezra.I	生活·读书·新知三联书店	2013-1-18	88.00	9.3
18	撒哈拉的故事	三毛	哈尔滨出版社	2003-8	15.80	9.2
19	天龙八部	金庸	生活·读书·新知三联书店	1994-5	96.00	9.2
20	失踪的孩子	[意] 埃莱娜·费兰特	人民文学出版社	2018-7	62.00	9.2
21	杀死一只知更鸟	[美] 哈珀·李	译林出版社	2012-9	32.00	9.2
22	明朝那些事儿(1-9)	当年明月	中国海关出版社	2009-4	358.20	9.2
23	新名字的故事	[意] 埃莱娜·费兰特	人民文学出版社	2017-4	59.00	9.2
24	悉达多	[德] 赫尔曼·黑塞	天津人民出版社	2017-1	32.00	9.2
25	野草	鲁迅	人民文学出版社	1973-3	0.20	9.5
26	卡拉马佐夫兄弟	陀思妥耶夫斯基 (Φ.M	上海译文出版社	2015-2-1	78.00	9.6
27	沉默的大多数	王小波	中国青年出版社	1997-10	27.00	9.1
28	中国历代政治得失	钱穆	生活·读书·新知三联书店	2001	12.00	9.2
29	局外人	[法] 阿尔贝·加缪	上海译文出版社	2010-8	22.00	9.1
30	罗杰疑案	[英] 阿加莎·克里斯蒂	新星出版社	2013-3	28.00	9.2
31	白鹿原	陈忠实	人民文学出版社	2012-9	39.00	9.2
32	许三观卖血记	余华	作家出版社	2012-9	24.00	9.2
33	人类简史	[以色列] 尤瓦尔·赫拉	中信出版社	2014-11	68.00	9.1
34	我与地坛	史铁生	春风文艺出版社	2002-5	25.00	9.2
35	彷徨	鲁迅	人民文学出版社	1973-3	0.37	9.3
36	平凡的世界(全三部)	路遥	人民文学出版社	2005-1	64.00	9.0
37	围城	钱锺书	人民文学出版社	1991-2	19.00	9.0
38	乡土中国	费孝通	上海人民出版社	2006-4	38.00	9.2
39	笑傲江湖(全四册)	金庸	生活·读书·新知三联书店	1994-5	76.80	9.1
40	献给阿尔吉侬的花束	[美] 丹尼尔·凯斯	广西师范大学出版社	2015-4	36.00	9.1
41	东方快车谋杀案	[英] 阿加莎·克里斯蒂	人民文学出版社	2006-5	18.00	9.1
42	肖申克的救赎	[美] 斯蒂芬·金	人民文学出版社	2006-7	29.90	9.1
43	江城	[美] 彼得·海斯勒	上海译文出版社	2012-1	36.00	9.1

图 5.23 爬取数据结果

通过查看数据采集结果,可发现代码共采集了 10 页 250 条记录,整个采集过程,都是大模型自动生成的。

项目总结

生成式人工智能技术在后端代码开发方面的应用主要体现在自动生成代码框架、代码转换、软件测试、数据库结构和算法实现等方面。这可以大大提高开发效率,减少烦琐的编码工作,使得开发人员能够更专注于业务逻辑和创新部分。然而,由于生成的代码可能不够灵活和可维护,因此在使用时需要注意代码质量的控制和后续的优化。

在前端代码开发中,生成式人工智能可以自动生成用户界面(UI)和用户体验(UX)设计,包括布局、样式和交互逻辑。这可以提高开发速度,降低人力成本,并使得前端项目更加标准化和一致化。但同样需要关注生成的代码是否符合最佳实践,以及是否能够适应复杂的需求变更。

在数据采集方面,生成式人工智能可以通过机器学习算法自动抓取和解析网络上的数据,用于各种分析和处理任务。这可以大幅度提升数据处理效率,减少人工数据采集的工作量。但是,数据采集过程中需要遵守相关的数据保护法规,确保数据的合法性和隐私安全。

在使用生成式人工智能技术时,需要注意以下几个问题。

(1) 代码质量和可维护性。自动生成的代码可能缺乏人为编写代码的灵活性和可维护性,因此在使用时需要进行严格的审查和必要的优化。

(2) 安全性和隐私保护。在数据采集和处理过程中,需要确保遵守数据安全法规,避免数据泄露和隐私侵犯。

(3) 过度依赖和技术瓶颈。过度依赖生成式人工智能可能导致技术能力的退化,同时可能面临算法瓶颈和技术更新的挑战。

(4) 人为参与和监督。虽然生成式人工智能可以提高效率,但仍然需要开发人员对其生成的代码和结果进行监督和干预,以确保最终产品的质量符合需求。

总之,生成式人工智能在软件开发和数据采集领域的应用可以显著提高效率,但也需要谨慎处理相关的技术和管理问题,以确保项目的成功和可持续发展。

课 后 习 题

1. 使用大模型生成下面题目的 Java 代码。

给定两个字符串 str1 和 str2,编写一个函数 findLCS(str1,str2)来找出这两个字符串相同部分的字符串。

2. 使用大模型生成下面题目的 Java 代码。

给定一个字符串,编写一个程序来计算字符串中每个单词出现的次数。单词被认为是字符串中的连续字符序列,由空白字符分隔。

3. 使用大模型生成下面题目的前端代码。

在前端页面中实现计数器案例,在页面中单击"计数"按钮,在按钮后面显示单击的次数。

4. 使用大模型生成下面题目的前端代码。

创建一个前端注册页面,需要填写的内容包含用户名、密码、确认密码、手机号,要求所有输入框不能为空、密码和确认密码必须一致。

5. 使用大模型生成下面题目的 Python 代码。

编写一个程序,实现读取 excel 文件中的数据,并统计文件中第一列"计算机"出现的次数。

生成式人工智能在图像处理中的应用

随着人工智能技术的飞速发展,生成式人工智能作为其核心分支之一,正以前所未有的速度改变着图像处理的领域。图像处理,作为计算机视觉的基础,涵盖了图像分析、增强、修复、生成等多个方面,是连接现实世界与数字世界的桥梁。生成式人工智能的引入,不仅极大地丰富了图像处理的手段,还推动了图像内容创作、编辑、理解等能力的飞跃。

传统图像处理技术多依赖于预设的算法和规则,对图像进行特定的变换或分析。而生成式人工智能,尤其是以生成对抗网络(GAN)、变分自编码器(VAE)、扩散模型(Diffusion Model)等为代表的生成模型,可使机器学习并模拟数据的复杂分布,从而生成高质量、多样化的图像内容。这些模型通过学习大量图像数据中的特征,能够"创造"出逼真的图像,甚至超越人类艺术家的创作能力。

(1) 生成对抗网络。由生成器和判别器两个网络组成,通过相互竞争不断优化,生成器能够生成越来越真实的图像,而判别器则负责区分真实图像与生成图像。

(2) 变分自编码器。通过编码器将输入图像映射到潜在空间,再通过解码器重构图像,提取图像特征,可用于图像生成和插值。

(3) 扩散模型。生成模型通过逐步向图像中添加随机噪声直至图像完全破坏,再学习如何从噪声中恢复原始图像,来实现高质量图像的生成。

生成式人工智能在图像处理中的应用场景如下。

(1) 图像创作与编辑。设计师可以利用生成式人工智能快速生成创意草图、插画等,还可以对图像进行细致的编辑,如风格迁移、色彩调整、细节增强等。

(2) 图像修复与增强。在文物保护、老照片修复等领域,生成式人工智能能够填补图像缺失部分,恢复图像细节,甚至提升图像分辨率和清晰度。

(3) 内容生成与合成。在游戏开发、电影制作中,生成式人工智能能够自动生成背景、角色、道具等图像内容,大幅提高制作效率。

学习目标

(1) 熟悉 AI 图像超分辨率增强的技术。

(2) 掌握 AI 创意生成在室内设计中的应用。

(3) 理解并实践 AI 统一图像设计风格。

任务 6.1   AI 图像超分辨率增强

任务 6.1
学习助手

📚 任务描述

　　当从网络或旧设备中获得了珍贵的照片,但这些照片却分辨率较低,细节模糊时,可利用生成式人工智能技术,对这些低分辨率图像进行超分辨率增强,这样既能保证图像的真实性,又能显著提升图像的清晰度和细节表现。

📚 任务解析

　　在数字化时代,图像作为信息传递与情感表达的重要载体,其质量直接影响着观者的体验与信息的精准传达。然而,由于技术限制、存储压缩、年代久远或拍摄设备限制等原因,许多珍贵的照片和图像资料往往以低分辨率的形式存在,细节模糊,色彩失真,极大地限制了其观赏价值和应用潜力。低分辨率图像如图 6.1 所示。

图 6.1　低分辨率图像

　　因此,将低分辨率图像转换为高分辨率、细节丰富的图像,不仅是对历史记忆的尊重与恢复,更是现代技术服务于文化传承与创意表达的生动体现。

　　提升图像分辨率有以下几个优点:首先,能够提升观赏体验。清晰、细腻的图像能带给观者更震撼的视觉冲击,增强图像的艺术感染力。其次,能促进信息传递。高分辨率图像能更准确地传达细节信息,对于科研、教育、医疗等领域尤为重要。再次,能助力创意创作。设计师和艺术家可以利用超分辨率技术修复或创作高质量素材,激发新的创作灵感。最后,能保护文化遗产。对于历史照片、古籍插图等文化遗产,超分辨率技术有助于其数字化保存与传承。

　　在众多 AI 生成模型中,字节跳动旗下的 AI 助手豆包凭借其强大的生成能力和对中文语境的深刻理解,成为实现图像超分辨率增强的理想选择。字节跳动旗下的 AI 助手豆包

不仅擅长生成创意图像,还能在保持图像真实性的基础上,通过深度学习算法对低分辨率图像进行精细修复与增强,显著提升图像质量。其独特的算法设计使得处理后的图像既保留了原图的风格特征,又在细节上实现了质的飞跃。

在本任务中,我们将选用豆包来提升低分辨率图像质量,具体步骤如下。

1．准备阶段

(1) 收集低分辨率图像。从网络数字档案中收集需要增强的低分辨率图像。

(2) 评估图像质量。初步分析图像的分辨率、噪点、模糊程度等,确定增强难度与预期目标。

(3) 选择豆包。登录豆包官方网站,确保网络畅通。

2．上传与预处理

(1) 上传图像。选择豆包的"图像生成"功能,将低分辨率图像上传至豆包。

(2) 准备提示词。根据图像特点和个人需求,准备提示词,如放大倍数、风格偏好、细节保留程度等。

3．模型处理

豆包利用深度学习算法对图像进行智能分析,自动填充缺失的细节,优化色彩与纹理。

4．结果评估与优化

(1) 效果评估。仔细对比处理前后的图像,评估清晰度、细节丰富度、色彩还原度等方面的提升效果。

(2) 调整优化。根据评估结果,返回上一步调整参数,直至达到满意效果。

5．导出

将增强后的高分辨率图像导出至本地设备或云存储。

通过上述步骤,利用豆包进行图像超分辨率增强,不仅能让低分辨率图像焕发新生,还能在保护原图风貌的基础上,赋予其更加丰富的细节与表现力,为数字图像的应用与发展开辟更广阔的空间。

任务实现

图像超分辨率重建(Super-Resolution Reconstruction,SRR)是计算机视觉和图像处理领域的一个重要研究方向,旨在从一幅或多幅低分辨率(Low-Resolution,LR)图像中恢复出高分辨率(High-Resolution,HR)图像。这一技术广泛应用于医学影像分析、卫星遥感、安全监控、影视后期制作以及日常消费电子产品中,对于提升图像质量、增强细节表现力具有重要意义。

传统的图像超分辨率方法主要依赖于插值算法、重建算法或基于先验知识的模型,但这些方法往往难以有效恢复出图像中丢失的高频细节信息。随着深度学习技术的飞速发展,特别是生成对抗网络、卷积神经网络(CNN)等模型的兴起,图像超分辨率重建迎来了新的突破。这些模型通过学习大量高分辨率图像与低分辨率图像之间的映射关系,能够自动填补低分辨率图像中的细节空白,生成更加真实、清晰的高分辨率图像。

豆包是由字节跳动公司开发的智能助手。在知识问答领域,豆包会围绕问题主体和用户需求,提供全面、深入的回答。对于复杂概念,豆包会通过案例、类比或示例等方式进行详尽解释,同时适当延伸相关内容,助力用户深入理解和掌握知识。此外,豆包还具备处理图像及 Word、PDF 等文档的能力。

在图像超分辨率重建方面,豆包凭借其强大的生成能力和对图像细节的精准把控,能够实现对低分辨率图像的显著增强。它不仅能恢复出图像中丢失的高频细节,还能在保持原图风格特征的基础上,对色彩、纹理等方面进行优化,使得增强后的图像更加自然、逼真。

1. 准备阶段

(1)收集低分辨率图像。在本任务中,我们使用图 6.1 低分辨率图像作为案例示范对象。

(2)评估图像质量。在上传图像之前,对其进行初步的质量评估,本图像分辨率为 510×339 像素,有一定程度的散焦模糊。

(3)选择豆包工具。输入网址 https://www.doubao.com/chat/,打开豆包网站,网站未登录状态的首页如图 6.2 所示。

图 6.2　未登录状态的豆包首页

2. 上传图像、准备提示词

上传图像之前,使用抖音账号登录豆包。登录之后,单击进入"图像生成"功能区,如图 6.3 所示。

(1)上传图像。单击功能区中的"参考图"按钮,选择并上传已保存的低分辨率图像。

(2)准备提示词。根据图像特点和个人需求,准备提示词,如放大倍数、风格偏好、细节保留程度等。好的提示词是 AI 实现所需功能的关键,本书提供的提示词参考:"我需要对这张图片进行分辨率提升处理,重点是保留图片中的细节(如纹理、文字、边缘线条等)。请在提高分辨率的同时,修复可能因放大产生的模糊问题,让画面既清晰又自然,不要出现过度锐化或虚假细节。"

上传图像和编辑提示词后的豆包界面,如图 6.4 所示。

3. 模型处理

图像上传并准备好提示词后,单击"上传"按钮,豆包会调用深度学习模型对图像进行智

图 6.3　豆包"图片生成"功能区

图 6.4　上传图像和编辑提示词后的豆包界面

能增强处理。这一过程包括但不限于图像去噪、细节恢复、色彩优化等步骤。豆包的模型能够自动学习并识别图像中的关键特征,从而生成更加清晰、细腻的高分辨率图像。

在处理过程中,可实时查看思考和生成过程,如图 6.5 所示。

4. 结果评估与优化

(1) 效果评估。豆包首次处理图片后的界面如图 6.6 所示。我们可以看到,图片清晰度较强、细节较丰富、色彩还原度较高。

接下来我会对这张欧洲小镇广场的图片进行分辨率提升，同时保留图片中的纹理、文字、边缘线条等细节，修复可能因放大产生的模糊问题，让画面既清晰又自然。

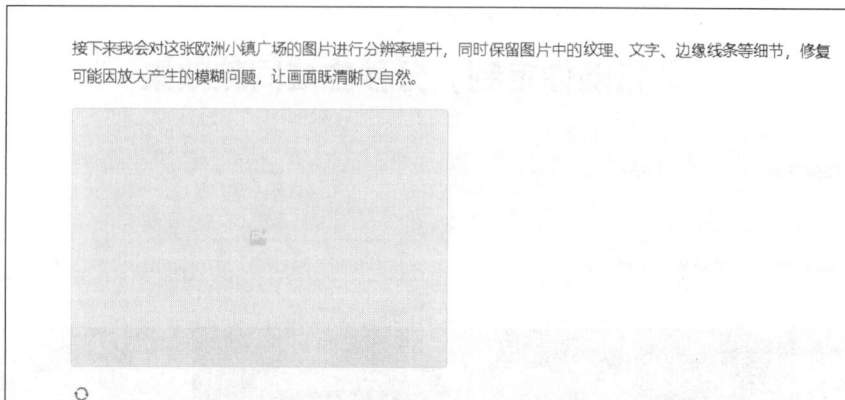

图 6.5　思考及生成过程

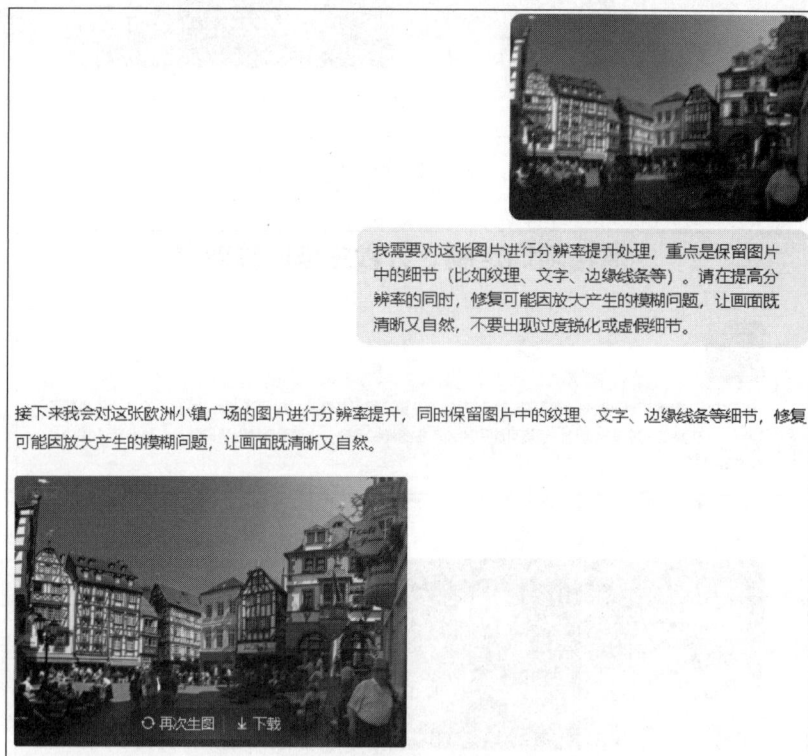

图 6.6　豆包首次处理图片后的界面

（2）调整优化。我们还可以在图 6.6 的基础上，继续调整提示词，对图片进行更高清处理。

5. 导出与应用

可以将增强后的高分辨率图像导出至本地设备，该功能需要开通会员。增强后的图像可以用于多种场景和目的，我们可以根据自己的需求和喜好选择合适的应用方式，并享受图像超分辨率重建带来的便利和乐趣。豆包首次处理后的清晰图像如图 6.7 所示。

图 6.7 豆包首次处理后的清晰图像

6. 结语

通过使用豆包这一强大工具中的"图片变高清"功能,我们可以轻松实现对低分辨率图像的超分辨率重建。这一技术不仅提升了图像的清晰度和细节表现力,还为我们带来了更加丰富的视觉体验和创意灵感。在未来的发展中,随着深度学习技术的不断进步和豆包等平台的持续优化升级,相信图像超分辨率重建技术将在更多领域发挥重要作用。

任务 6.2 AI 创意生成

📚 任务描述

利用 AI 进行室内设计创作,为相关工作者提供创意灵感。

任务 6.2
学习助手

📚 任务解析

室内创意设计图,作为连接设计理念与实体空间的桥梁,是室内设计师表达创意、规划空间布局、选择材质与色彩,以及营造特定氛围的关键工具。它不仅要求设计师具备深厚的艺术修养和敏锐的审美感知,还需掌握空间规划、色彩搭配、光影效果等多方面的专业知识。一幅优秀的室内创意设计图,能够直观展现设计方案的精髓,激发客户的共鸣,为后续的施工提供精确指导。

随着人工智能技术的飞速发展,AI 在创意产业中的应用日益广泛,包括室内设计领域。利用 AI 进行室内创意设计,不仅能够极大地提升设计效率,还能突破传统设计思维的局限,激发前所未有的创意灵感。AI 能够基于海量数据学习并理解不同风格、文化背景下的设计元素,快速生成多种设计方案供设计师选择和优化,从而加速设计迭代过程,降低试错成本。此外,AI 还能帮助设计师探索传统手法难以实现的复杂结构和光影效果,为室内空间注入更多科技感和未来感。

将 AI 应用于室内创意设计,本质上属于"文生图"(Text-to-Image)技术的范畴。该技

术允许用户通过输入描述性文本,如设计理念、风格要求、空间功能等,自动生成对应的图像作品。在众多绘画模型中,Midjourney 和 StableDiffusion 因其强大的生成能力和广泛的应用场景而备受瞩目。

Midjourney:以其独特的艺术风格和高度灵活的创作能力著称,能够生成从抽象概念到具体场景的多样化图像。其界面友好,适合不同水平的用户快速上手,特别适合用于探索创意概念和初步方案设计。

StableDiffusion:以其稳定性和细节丰富性见长,能够生成高分辨率、细节精致的图像。它适合在已有创意的基础上进行更精细的调整和优化,以满足更专业的设计需求。

除了专业的绘画模型如 Midjourney 和 StableDiffusion 外,还有多种 AI 模型可用于室内创意设计,我们会在"任务实现"中进一步讨论。

本任务以 Midjourney 中文版为例,介绍如何使用 AI 进行室内创意设计,具体步骤如下。

1. 明确设计需求

明确设计任务的目标、风格、色彩、材质等要求,以及项目的特定需求。

2. 选择 AI 模型

根据设计需求和个人偏好,选择合适的 AI 模型进行创作。以 Midjourney 为例,其强大的艺术风格生成能力和灵活的参数调整功能,使其成为室内创意设计的理想选择。

3. 注册与登录

访问 Midjourney 中文版官网,完成注册流程并登录账号。

4. 输入描述文本

在网站输入界面输入详细的描述性文本,包括室内空间的布局、家具的摆放、装饰元素的选择以及整体氛围的营造等。

5. 调整参数与风格

根据需要,调整 AI 模型的参数设置,如分辨率、迭代次数、风格强度等,以获得更加符合预期的设计效果。同时,也可以选择不同的艺术风格进行尝试,以激发更多创意灵感。

6. 生成与评估

单击"生成"按钮,AI 模型将根据输入的描述文本和参数设置,快速生成室内创意设计图。仔细评估生成结果,检查其是否符合设计需求、是否具有足够的创意性和实用性。如果生成的设计图不够理想,可以通过微调描述文本、更换风格或调整参数等方式进行优化。AI 模型支持迭代生成,可以不断尝试直到获得满意的设计方案。

任务实现

6.2.1 Midjourney 模型

1. 明确设计需求

首先,我们需要深入理解项目的具体需求,包括设计目标(如新中式风格的客厅设计)、空间功能布局(如需要设置会客区、阅读区和休闲区)、色彩偏好(如暖色调为主,辅以冷色调点缀)、材质选择(如使用木质地板搭配布艺沙发)以及整体氛围的营造(如温馨舒适)。此外,还需考虑客户的特殊需求或偏好,以确保设计方案能够满足其期望。

2. 选择 AI 模型

经过对比不同 AI 绘画模型的特性,我们首先使用 Midjourney 模型中文版作为本次室内创意设计的工具。

Midjourney 是一款基于深度学习的 AI 制图工具,最初由美国一家人工智能研究实验室推出。该模型的核心技术依赖于生成式对抗网络和扩散模型(Diffusion Models)。Midjourney 以其独特的艺术风格和高度灵活的创作能力,为我们提供了广阔的创意空间。其强大的风格生成能力和可调参数设置的功能,让我们能够轻松地探索各种设计可能性,从而快速定位到最符合项目需求的设计方向。

为了满足国内用户的需求,Midjourney 推出了官方本地化版本——Midjourney 中文站。这一版本不仅支持中文界面,还兼容各种绘图功能,包括图像编辑、微调以及高级的生成式艺术处理。用户可以通过中文命令和界面,直接操作这款顶级的 AI 绘图工具,无须担心语言障碍或网络限制。

3. 注册与登录

输入网址 https://www.midjourny.cn/,进入 Midjourney 中文站的官方,网站未登录状态的首页如图 6.8 所示。

图 6.8　未登录状态的 Midjourney 中文站首页

按照页面提示完成注册登录流程后,单击右上角"开始创作"选项卡,进入 Midjourney 中文站的设计界面,如图 6.9 所示。

4. 输入描述文本并生成设计图

Midjourney 中文站的"MJ 绘画"为我们提供了多个模型广场,就室内设计而言,建议选择"MJ6.0(真实质感模型)"。

文生图,最关键的是描述性文本,有时在设计中也被称为"咒语",越详尽的"咒语",AI 生成的图越接近我们想要的结果,同时,在"咒语"中,提示词越靠前,生成图中所占的权重也就越高。

找到文本输入框,输入详细的描述性文本,即"咒语"。文本内容应涵盖室内空间的布局

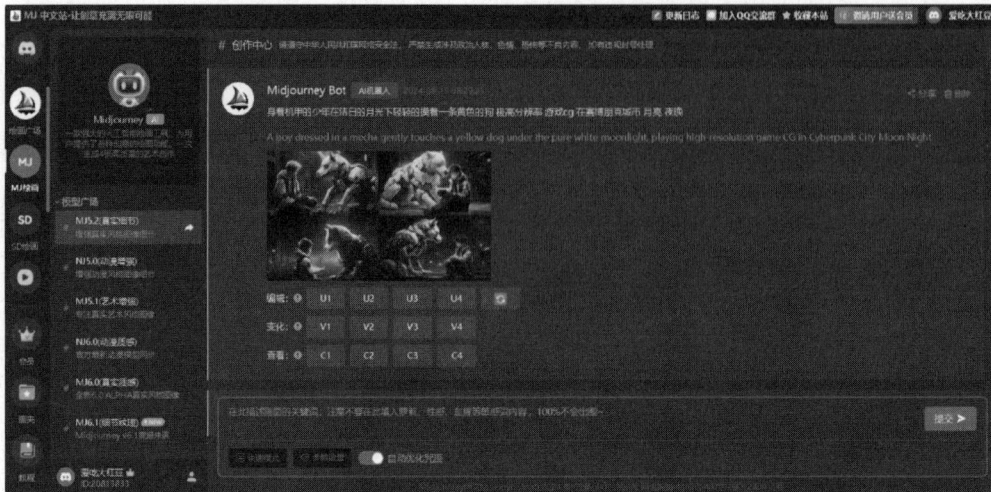

图 6.9　Midjourney 中文站设计界面

规划、家具的款式与摆放位置、装饰元素的选择(如挂画、绿植、灯具等)以及整体氛围的营造要求。例如,"新中式风格客厅,具有现代感的影视墙设计,线条简洁的新中式风格沙发组合,圆形茶几,具有质感的浅色调波斯地毯,深灰色大理石地板,3 米层高,简洁直线吊顶,新中式风格吊灯,吊顶上有射灯作为点缀,客厅衔接阳台,窗口有纱帘遮挡强烈的阳光,丝绸质感欧式窗帘,白天光线环境,浅色调,豪华质感,超写实渲染。"

Midjourney 中文站生成室内设计图的过程如图 6.10 所示。

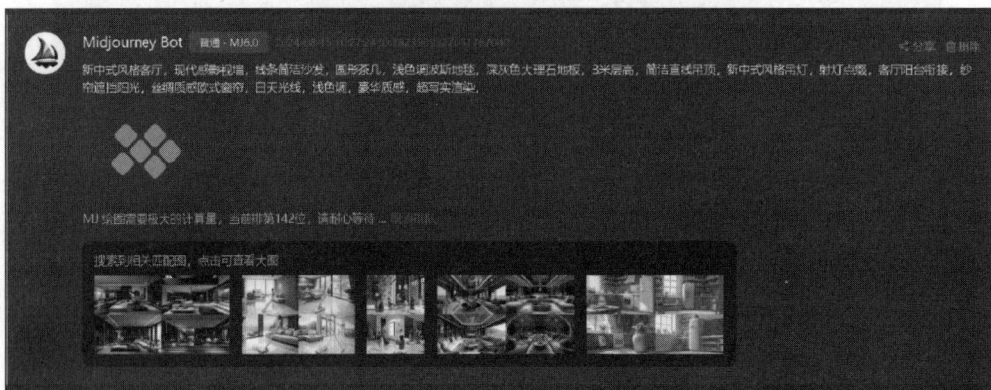

图 6.10　Midjourney 中文站生成室内设计图的过程

需要说明的是,Midjourney 中文站调用 Midjourney 模型需要较大的计算量,因此生成过程需要等待。Midjourney 中文站生成的室内设计图如图 6.11 所示。

5. 调整参数

为获得更加符合预期的设计效果,生成室内设计图后,可以在 Midjourney 中文站继续调整参数设置。Midjourney 中文站一次生成的室内设计图共 4 版,生成图像后,下方有UVC 3 个参数,每个参数后的数字分别对应 4 版图像,如图 6.12 所示。

3 个参数中,U 参数表示查看图像,即生成所选图像的更大版本并添加更多细节,可进

图 6.11　Midjourney 中文站生成的室内设计图

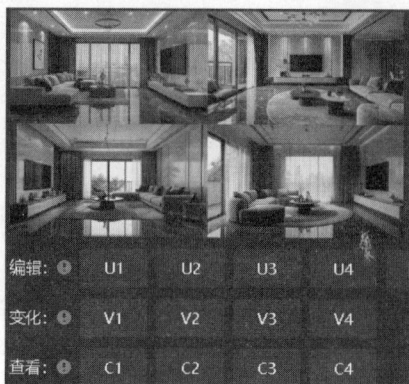

图 6.12　UVC 参数

行局部重绘，无损放大，调整创作等；V 参数可对所选网格图像创建细微变化，创建变体会生成与所选图像的整体风格和构图相似的新图像网格；C 参数可直接查看或下载原图。以 U 参数为例，我们单击 U1，对第一幅图像重绘，放大，生成结果如图 6.13 所示。

　　对设计图进行初步调整后，如果还需继续对图像进行调整，Midjourney 中文站为我们继续提供了参数调整按钮，如图 6.14 所示。

　　前文中已经提到，Midjourney 中文站还提供了多个模型、多种艺术风格供我们选择，大家可以尝试不同的风格设置，以激发更多创意灵感，找到最适合项目需求的设计方案。

　　通过以上步骤，我们成功利用 Midjourney 中文站这一 AI 工具完成了室内创意设计任务。AI 技术的引入不仅极大地提升了设计效率，还为我们带来了前所未有的创意灵感和设计可能性。相信在未来的设计中，AI 将扮演越来越重要的角色，成为设计师们不可或缺的得力助手。

图 6.13　U 参数调整后的室内设计图

图 6.14　进一步参数调整

6.2.2　天工 AI

　　除了已经介绍的 Midjourney 模型调用平台 Midjourney 中文站外，还有许多其他优秀的 AI 生图模型同样值得我们关注和应用。这些模型各具特色，能够为我们的室内设计任务带来更多元化的创意和解决方案。接下来，为大家介绍一个备受瞩目的 AI 模型——天工 AI。

　　天工 AI 是由昆仑万维公司研发的大型语言模型，专注于提供高质量的中英文对话服务。模型训练时使用了海量的知识数据，涵盖了科学、技术、文化、艺术等多个领域，这使其能理解和回答各种复杂和专业的问题。此外，天宫 AI 还配备了时间感知能力，能够根据当前的时间提供相关的建议和信息。接下来，我们使用天工 AI 的"AI 图片生成"功能，完成室内设计。

　　我们不再赘述前文中的设计需求，仅使用同样的"咒语"来看一下天工 AI 为我们生成的室内设计图，步骤如下。

（1）输入网址 https：//www.tiangong.cn/，访问并登录 PC 端网页，单击首页左侧"AI 图片生成"，如图 6.15 所示。

图 6.15　天工 AI 首页"AI 图片生成"

（2）将"咒语"输入至天工 AI 的"AI 图片生成"工具文本框并按"回车"键，生成过程如图 6.16 所示。

图 6.16　天工 AI 生成过程

天工 AI 生成的室内设计图如图 6.17 所示。

与 Midjourney 模型相比，天工 AI 也能完成绘图设计任务，但设计图绘制完成后，不能在生成图的基础上进行调参。

本项目不再介绍关于室内创意设计的 AI 大模型，后续书中还会介绍多个 AI 大模型且模型调用平台中有多种类型的功能实现窗口，大家可根据需要自行尝试。

图 6.17　天工 AI 生成的室内设计图

项　目　总　结

在本项目中,我们深入探讨了生成式人工智能在图像处理领域的两大应用:AI 图像超分辨率增强与 AI 创意生成。通过这两个任务,我们不仅展示了生成式人工智能技术的强大潜力,还揭示了其在实际应用中的广泛前景。

1. AI 图像超分辨率增强

AI 图像超分辨率增强技术的核心在于通过深度学习模型,学习高分辨率图像与低分辨率图像之间的映射关系,从而实现对低分辨率图像的显著增强。在这一过程中,豆包发挥了关键作用。

豆包凭借其强大的生成能力和对图像细节的精准把控,不仅能够恢复出低分辨率图像中丢失的高频细节,还能在保持原图风格特征的基础上,对色彩、纹理等方面进行优化。这种能力使得豆包在医学影像分析、卫星遥感、安全监控、影视后期制作以及日常消费电子产品等领域具有广泛的应用价值。

2. AI 创意生成:室内创意设计

AI 在室内创意设计中的应用,主要依赖于"文生图"技术。该技术允许用户通过输入描述性文本,如设计理念、风格要求、空间功能等,来自动生成对应的图像作品。这一特性使得 AI 成为设计师进行创意探索和优化设计的得力助手。

在具体实践中,Midjourney 和 StableDiffusion 是两个备受瞩目的绘画模型。Midjourney 以其独特的艺术风格和高度灵活的创作能力著称,能够生成从抽象概念到具体场景的多样化图像。这使得它特别适合用于探索创意概念和初步方案设计阶段;而 StableDiffusion 则以其稳定性和细节丰富性见长,能够生成高分辨率、细节精致的图像。它更适合在已有创意的基础上进行更精细的调整和优化,以满足更专业的设计需求。

此外,天工 AI 等大模型工具也为室内创意设计提供了更多选择。这些模型不仅能快速生成多种设计方案供设计师选择和优化,还能帮助设计师探索传统手法难以实现的复杂结构和光影效果。这极大地提升了设计效率,降低了试错成本,同时也为室内空间注入了更多科技感和未来感。

　　通过对本项目的探讨,我们可以清晰地看到生成式人工智能在图像处理领域的广泛应用前景。无论是 AI 图像超分辨率增强还是 AI 创意生成,都展示了生成式人工智能技术的强大潜力和独特优势。这些技术不仅能提升图像质量、增强细节表现力,还能为设计师提供创意灵感和高效的设计工具。

课　后　习　题

1. 根据本项目介绍的生成式人工智能大模型 AI 绘画的功能,制作 3D 立体字。
2. 使用大模型生成一幅室内设计草图。

项目七

生成式人工智能在音频处理中的应用

随着生成式人工智能技术的飞速发展,其在音频处理领域的应用日益广泛,为音频内容的创作、编辑、分析和理解带来了革命性的变化。本项目将深入探讨生成式人工智能在音频处理中的核心背景、模型及多样化的应用场景。

音频作为信息传递的重要载体,其处理效率和质量直接影响着用户体验。传统音频处理方法往往依赖于人工操作,耗时费力且难以应对大规模数据的处理需求。而生成式人工智能技术,通过深度学习等先进算法,可实现对音频内容的自动化生成、编辑和优化,极大地提升了音频处理的效率和精度。

在音频处理领域,生成式人工智能模型主要包括语音合成模型、声音内容分析模型、音频风格迁移模型等。这些模型基于大量的音频数据训练而成,能够模拟人类语音的生成过程,实现文本到语音的转换;同时,它们还能对音频内容进行深入分析,提取关键信息并生成摘要;此外,通过风格迁移技术,它们还可以将一种音频的风格特征应用到另一种音频上,实现音频风格的统一和变换。

生成式人工智能在音频处理中的应用场景极为丰富。在语音合成方面,它可以用于制作虚拟角色的语音、个性化语音助手、有声读物等;在声音内容总结方面,它可以帮助人们快速获取音频中的关键信息,并对信息进行总结,还可以将信息整理成 PPT,提高工作效率;在音频风格迁移方面,它则可以用于音乐创作、广告配音等领域,为音频内容增添独特的风格和魅力。此外,生成式人工智能还在语音识别、音频增强、噪声抑制等方面发挥着重要作用,为音频处理领域带来了全新的可能性。

学习目标

(1) 掌握 AI 语音合成的基本技能。

(2) 理解并应用 AI 声音内容总结技术。

(3) 掌握 AI 语音生成 PPT 的方法。

(4) 理解并实践 AI 语音生成思维导图。

任务 7.1　AI 语音合成

任务 7.1
学习助手

任务描述

教学中,特别是在远程教学或自学环境中,AI 语音合成技术可以扮演"声动讲师"的角色。教师可以将课程笔记、教案或 PPT 中的文字内容输入 AI 语音合成系统中,然后选择适合教学风格的语音(如温和、激情等),生成自然流畅的语音讲解。

任务解析

AI 语音合成,简单来说,就是让机器学会像人一样说话的过程。它就像是给计算机装上了一个"声音工厂",能够根据输入的文本内容,自动转换成流畅、自然的语音输出。这个过程背后,主要依赖于以下三大关键技术。

(1) 文本分析。系统需要对输入的文本进行"阅读"和理解。这一步类似于我们阅读文章时,大脑会先对文字进行解码,理解其含义和语境。AI 系统会将文本拆分成单词、句子,甚至细致到音节和音素,同时分析文本的语调、重音等语言特征。

(2) 声学模型。声学模型是语音识别系统中的一个模块,用于将输入的语音信号转换为一系列声学特征,这些特征能够反映语音信号的声学属性。声学模型的主要功能是从语音信号中提取出对语音识别有用的信息,如音素、音节等,并将这些信息转化为机器可识别的形式。隐马尔科夫模型(HMM)是声学模型中最常用的模型之一。HMM 将语音信号看作是一个由多个状态组成的马尔科夫过程,每个状态对应一个音素或音节。通过训练HMM,可以得到每个状态对应的声学特征分布,从而实现对语音信号的识别。

(3) 声码器。声码器(Vocoder)是一种语音信号的分析与合成系统,它通过提取和传输语音信号的特征参量来实现语音的压缩和重建。声码器在发送端对语音信号进行分析,提取出语音信号的特征参量并加以编码和加密;在接收端,根据收到的特征参量恢复原始语音波形。声码器主要用于数字电话通信领域,特别是保密电话通信。此外,随着技术的不断发展,声码器也被广泛应用于语音合成、音乐制作等领域。例如,在音乐制作中,声码器可以用来改变乐器的音色或创建独特的音效。

接下来,给大家介绍一个全新的 AI 工具平台——边界 AICHAT。边界 AICHAT 是一款由人工智能驱动的多功能工具,旨在提升用户的工作效率和创造力。它集成了多种 AI技术,包括但不限于自然语言处理、图像识别和生成、语音合成等,以提供一系列高效便捷的服务。边界 AICHAT 拥有多种 AI 模型,包括对话模型、绘画模型等,这些模型经过训练,能够处理和生成复杂的信息。其中"语音合成"功能,可以将文本转换为自然流畅的语音并支持多种音色选择。边界 AICHAT 首页如图 7.1 所示。

使用边界 AICHAT 工具中的"真人语音合成"功能实现 AI 语音合成的步骤如下。

1. 输入待合成文本

我们以课程笔记为例,将课程笔记中的某一知识点文本,输入语音合成器中。文本如图 7.2 所示。

图 7.1　边界 AICHAT 首页

1. 信息安全面临的威胁

1.1 安全威胁

人们对信息安全的认识随着网络的发展经历了以下一个由简单到复杂的过程。20 世纪 70 年代,主机时代的信息安全是面向单机的;20 世纪 80 年代,微机和局域网的兴起带来了信息在微机间传输和在用户间共享的问题,安全服务、安全机制等基本框架,成为信息安全的重要内容;20 世纪 90 年代,因特网爆炸性的发展把人类带进了一个全新的生存空间。因特网具有高度分布、边界模糊、层次欠清、动态演化,而用户又在其中扮演主角的特点,如何处理好这一复杂而巨大的系统的安全,成为信息安全的主要问题。

1.2 入侵者和病毒

信息安全的人为威胁主要来自用户和恶意软件的非法侵入。入侵信息系统的用户也称为黑客,也可能是一个犯罪分子;恶意软件是指病毒、蠕虫等恶意程序,分为两类,一类需要主程序,另一类不需要。

2. 信息安全模型

通信双方欲传递某个消息,需通过以下方式建立一个逻辑上的信息通道:首先在网络中定义从发方到收方的一个路由,然后在该路由上共同执行通信协议。

3. 密码学基本概念

3.1 密码系统

密码系统主要包括以下几个基本要素:明文、密文、加密算法、解密算法和密钥。

3.2 密码体制分类

密码体制从原理上分为单钥体制和双钥体制两大类。

单钥体制的加密密钥和解密密钥相同。单钥体制有很高的保密性,很强的安全性,根据这种特性,单钥加解密算法可通过低费用的芯片来实现。单钥体制不仅可用于数据加密,也可用于消息的认证。

双钥体制又称作公钥体制。采用双钥体制的每个用户都有一对选定的密钥,一个是公开的,可以像电话号码一样进行注册公布;另一个则是秘密的。

图 7.2　课程笔记文本内容

3.3 密码攻击概述

攻击者对密码系统的四种攻击类型分别为：唯密文攻击、已知明文攻击、可能字攻击、选择密文攻击。

唯密文攻击：最困难的攻击是唯密文攻击，密文攻击时，敌手知道的信息量最少。

已知明文攻击：敌手可能有更多的信息，也许能截获一个或多个明文及其对应的密文。

可能字攻击：敌手可能对消息含义知之甚少，如果对非常特别的信息加密，敌手也许能知道消息中的某一部分。

选择密文攻击：攻击者利用解密算法，对自己所选的密文解密出相应的明文，如果攻击者能在加密系统中插入自己选择的明文消息，则通过该明文消息对应的密文，有可能确定出密钥的结构。

图　7.2(续)

2. 确定语音风格和语速

在边界 AICHAT 工具中，将待合成语音的文本输入后，需根据内容场景等需求，合理选择语音风格，如温和、标准普通话等。此外，还可以调整语速，以更加贴近个人的教学风格。

3. 语音合成并导出

在平台中将文本合成为语音，合成后可以试听生成的语音，并根据实际教学效果对语音合成参数重新设置，以提升语音合成的准确性和自然度。最后将语音导出至本地设备。

任务实现

1. 输入待合成文本

输入边界 AICHAT 工具网址 https://www.ailfoo.com/?invite_code＝6B6919，也可以下载计算机客户端使用。选择工具中的"AI 语音处理"模块中的"真人语音合成"功能，输入待合成文本。

1. 信息安全面临的威胁

1.1　安全威胁

人们对信息安全的认识随着网络的发展经历了以下一个由简单到复杂的过程。20 世纪 70 年代，主机时代的信息安全是面向单机的；20 世纪 80 年代，微机和局域网的兴起带来了信息在微机间传输和在用户间共享的问题，安全服务、安全机制等基本框架，成为信息安全的重要内容。20 世纪 90 年代，因特网爆炸性的发展把人类带进了一个全新的生存空间。因特网具有高度分布、边界模糊、层次欠清、动态演化，而用户又在其中扮演主角的特点，如何处理好这一复杂而巨大的系统的安全，成为信息安全的主要问题。

1.2　入侵者和病毒

信息安全的人为威胁主要来自用户和恶意软件的非法侵入。入侵信息系统的用户也称为黑客，也可能是一个犯罪分子；恶意软件是指病毒、蠕虫等恶意程序，分为两类，一类需要主程序，另一类不需要。

2. 信息安全模型

通信双方欲传递某个消息，需通过以下方式建立一个逻辑上的信息通道：首先在网络中定义从发方到收方的一个路由，然后在该路由上共同执行通信协议。

3. 密码学基本概念

3.1 密码系统

密码系统主要包括以下几个基本要素：明文、密文、加密算法、解密算法和密钥。

3.2 密码体制分类

密码体制从原理上分为单钥体制和双钥体制两大类。

单钥体制的加密密钥和解密密钥相同。单钥体制有很高的保密性，很强的安全性，根据这种特性，单钥加解密算法可通过低费用的芯片来实现。单钥体制不仅可用于数据加密，也可用于消息的认证。

双钥体制又称作公钥体制。采用双钥体制的每个用户都有一对选定的密钥，一个是公开的，可以像电话号码一样进行注册公布；另一个则是秘密的。

3.3 密码攻击概述

攻击者对密码系统的四种攻击类型分别为：唯密文攻击、已知明文攻击、可能字攻击、选择密文攻击。

唯密文攻击最困难的攻击是，密文攻击时，敌手知道的信息量最少。

已知明文攻击：敌手可能有更多的信息，也许能截获一个或多个明文及其对应的密文。

可能字攻击：敌手可能对消息含义知之甚少，如果对非常特别的信息加密，敌手也许能知道消息中的某一部分。

选择密文攻击：攻击者利用解密算法，对自己所选的密文解密出相应的明文，如果攻击者能在加密系统中插入自己选择的明文消息，则通过该明文消息对应的密文，有可能确定出密钥的结构。

本例使用的是计算机客户端，如图 7.3 所示。

图 7.3   计算机客户端输入待合成文本

2. 确定语音风格和语速

在初次生成中,本例语音风格选择"通用"选项卡下的"域小云-标准女声",语速选择 1.1 倍语速,然后单击"开始合成"按钮进行合成并试听,如图 7.4 所示。大家也可根据自己的场景需求,选择不同的语音风格、语速或者语言种类。

图 7.4　语音合成选项

3. 语音合成并导出

试听后如需对语音风格和语速进行修改,可重新选择并重复步骤 2,如不需修改可单击"导出音频"按钮,将音频文件导出至本地设备。本例导出的音频文件现可扫码试听。

AI 语言合成
音频

任务 7.2　AI 语音生成 PPT

任务 7.2
学习助手

任务描述

在准备幻灯片时,通常需要花费较多时间设计和制作 PPT。AI 语音生成 PPT 技术可以极大地简化这一过程。只需将语音文件输入"语转幻灯"系统中,系统便能根据内容自动生成包含文字、图片、图表等元素的 PPT 幻灯片。还可以根据个人的需求调整幻灯片的布局、风格和动画效果,使演讲更加生动有趣。

任务解析

在当今高度信息化的社会中,PPT 作为一种高效的信息展示工具,其重要性日益凸显。无论是在内部会议、项目汇报、客户提案,还是在教育领域的教学展示、学术报告,乃至在公共演讲、产品发布等场合，PPT都扮演着不可或缺的角色。

PPT通过精炼的文字、直观的图表、生动的图片以及丰富的动画效果，能够在有限的时间内快速传递大量信息。相比传统的口头讲述或书面报告，PPT能够更直观地展示核心观点，帮助听众迅速抓住重点，提高信息传递的效率。

视觉是人类接收信息的主要方式之一。PPT通过精心设计的布局、色彩搭配和视觉元素，能够吸引听众的注意力，使信息更加易于接受和理解。同时，视觉上的美感也能提升演讲或报告的整体质感，给听众留下深刻印象。

一份高质量的PPT不仅能够展示个人的专业素养和能力水平，还能提升整个团队或企业的专业形象。在制作PPT的过程中，需要注重细节、追求完美，这不仅能够体现个人的职业态度，也能够增强听众对演讲者或报告人的信任感和尊重感。

AI语音生成PPT是将人类语音中的信息"翻译"成视觉化的演示文稿的过程。这一过程背后，融合了语音识别、自然语言处理（NLP）、内容理解与生成、视觉设计等多个领域的先进技术。

语音识别：作为整个流程的起点，它将语音文件转换为文本。

内容理解：在获得文本后，系统通过NLP技术分析文本内容，理解其结构和含义，这是生成PPT结构和内容的关键。

PPT生成：基于内容理解的结果，系统自动规划PPT的结构，包括哪些内容作为标题、哪些内容作为正文等。

素材匹配：系统根据文本内容自动匹配相关素材，如图片、图表等，以增强PPT视觉效果。

风格调整与动画设置：用户可根据自己的需求调整PPT的视觉风格和动画效果，这是个性化的步骤，但同样需遵循逻辑原则，确保PPT既美观又易于阅读。

导出与分享：最后，将PPT导出并分享，这是整个流程的终点。

AI语音生成PPT的优势在于其兼具高效性、智能化与个性化。通过自动将语音转换为文本，并智能分析内容生成PPT框架，极大地节省了用户手动制作的时间与精力；AI技术能够精准匹配相关素材，确保信息的直观呈现，增强视觉吸引力；同时，用户可根据个人需求轻松调整布局、风格与动画效果，实现个性化定制。这种高度自动化的流程不仅提升了PPT制作的专业性和效率，还使得演讲或报告更加生动、有趣，有助于更好地传达信息、吸引听众注意力，从而在职场、教育等领域发挥重要作用。

在本任务中，我们首先讨论使用边界AICHAT工具。除了边界AICHAT工具外，还有其他AI模型可用于生成PPT，我们会在"任务实现"中进一步讨论。

首先以边界AICHAT工具为例，在"AI语音处理"模块中的"语音生成PPT"功能可实现AI语音生成PPT，如图7.5所示。

生成步骤如下。

1. 上传语音文件

首先将准备好的语音文件上传到边界AICHAT平台。平台支持MP3、AAC、OPUS、WAV等格式编码的音频，支持20MB以内且时长不超过1小时的音频文件，受限于模型准确率的问题，部分音频内容较多，AI可能无法理解。

图 7.5　AI 语音生成 PPT

2. 语音识别与文本转换

上传后,平台会启动语音识别引擎,将语音文件转换为文本。用户可以在界面上实时看到转换过程,并检查转换结果的准确性。

3. 内容分析

转换完成后,平台会利用 NLP 和内容生成技术,对文本进行深入分析,并自动生成内容大纲。用户可以在界面上对内容大纲进行优化、微调。可以说,一份 PPT 是否逻辑清晰合理,大部分取决于模型对于音频文件的内容分析上。

4. PPT 生成

基于对文案内容理解的结果,由用户选择 PPT 的模板,也可以先确定 PPT 的风格和颜色后再选择 PPT 模板。最后生成 PPT 并下载导出。

任务实现

7.2.1　边界 AICHAT 工具

1. 上传语音文件

首先将准备好的语音文件上传到边界 AICHAT 平台。本例延续任务 7.1 的内容,采用 AI 语音合成的音频文件"AI 语音合成.wav"进行示范。如图 7.6 所示,音频文件上传后平台正在对其内容进行文本分析并生成 PPT 文案。

2. 语音识别与文本转换

上传后,平台启动语音识别引擎,将语音文件转换为文本。此时,界面显示正在生成 PPT 文案,可在界面左侧看到内容大纲生成的实时结果,如图 7.7 所示。

3. 内容分析

PPT 文案内容生成结果如下。

图 7.6 音频文件上传至平台

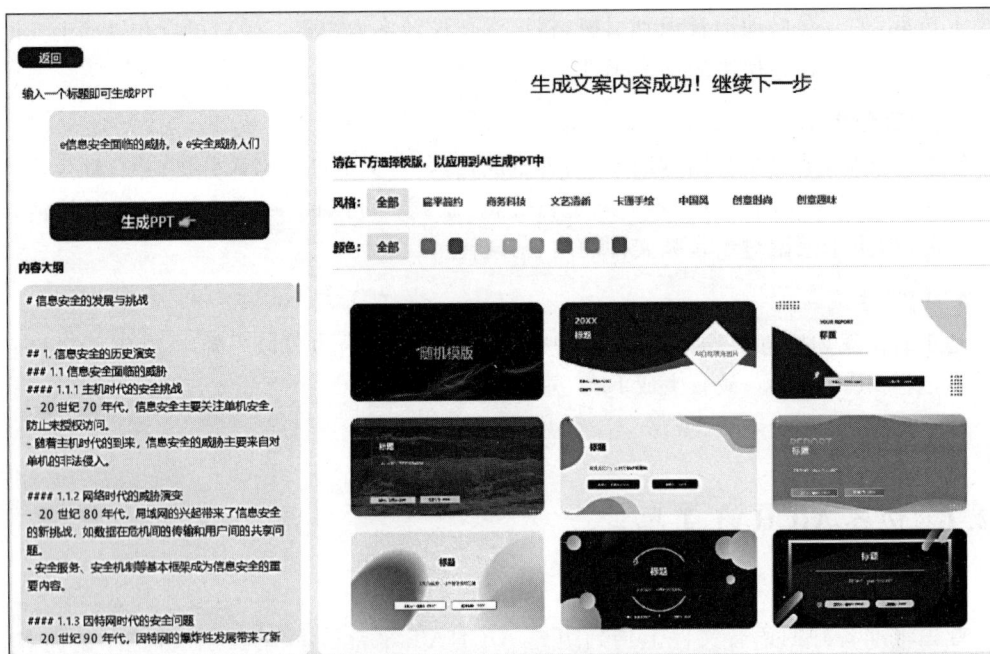

图 7.7 生成文案内容

＃信息安全的发展与挑战

＃＃ 1.信息安全的历史演变

＃＃＃ 1.1信息安全面临的威胁

＃＃＃＃ 1.1.1主机时代的安全挑战

-20世纪70年代,信息安全主要关注单机安全,防止未授权访问。

-随着主机时代的到来,信息安全的威胁主要来自对单机的非法侵入。

1.1.2 网络时代的威胁演变

-20世纪80年代,局域网的兴起带来了信息安全的新挑战,如数据在微机间传输和在用户间共享的问题。

-安全服务、安全机制等基本框架成为信息安全的重要内容。

1.1.3 因特网时代的安全问题

-20世纪90年代,因特网的爆炸性发展带来了全新的安全挑战,因其具有高度分布式、边界模糊、层次不清、动态演化等特点。

-用户在因特网中扮演主角,如何保障这一复杂而巨大的系统的安全成为主要问题。

1.2 入侵者和病毒

1.2.1 黑客与犯罪分子

-信息安全的人为危险主要来自用户和恶意软件的非法侵入。

-入侵信息系统的用户可能是黑客或犯罪分子,他们的目的各不相同。

1.2.2 恶意软件的类型

-恶意软件包括病毒、蠕虫等,分为需要主程序的恶意软件和不需要主程序的恶意软件。

-这些恶意软件对信息安全构成严重威胁。

1.2.3 信息安全模型

-通信双方通过建立逻辑上的信息通道来传递消息,涉及路由定义和通信协议执行。

-信息安全模型旨在确保信息在传递过程中的机密性、完整性和可用性。

1.3 密码学基本概念

1.3.1 密码系统的要素

-密码系统包括明文、密文、加密算法、解密算法和密钥等基本要素。

-这些要素共同工作,确保信息在传输过程中的安全性。

1.3.2 密码体制分类

-密码体制分为单钥体制和双钥体制两大类。

-单钥体制的加密密钥和解密密钥相同,而双钥体制具有更高的保密性和安全性。

1.3.3 密码攻击概述

-攻击者对密码系统的攻击类型包括密文攻击、已知明文攻击、选择明文攻击和选择密文攻击。

-密文攻击是最困难的攻击类型,因为攻击者知道的信息量最少。

2.信息安全威胁的类型

2.1 威胁的演变

2.1.1 网络发展对信息安全认识的影响

-信息安全面临的威胁随着网络的发展而变化,从简单的单机安全到复杂的网络信息安全。

-主机时代的信息安全关注点在于单机的数据保护。

2.1.2 局域网与互联网的挑战

-局域网的兴起带来了数据在网络间的传输和共享问题。

-互联网的快速发展引入了边界模糊、动态演化的安全问题。

2.2 人为威胁

2.2.1 黑客与犯罪分子

-入侵信息系统的用户可能是技术高超的黑客或具有犯罪动机的犯罪分子。

-黑客的行为可能是出于好奇、挑战或经济利益。

2.2.2 恶意软件

-恶意软件包括病毒、蠕虫等,分为需要主程序的恶意软件和不依赖主程序的恶意软件。

-这些软件旨在破坏、窃取或干扰正常的信息系统运作。

2.3 信息安全模型

2.3.1 通信安全

-通过定义网络路由和执行通信协议来建立逻辑上的信息安全通道。

-确保信息在传输过程中的完整性和机密性。

2.3.2 密码学基础

-密码系统包括明文、密文、加密算法、解密算法和密钥等基本要素。

-密码体制分为单钥体制和双钥体制,单钥体制的加密密钥和解密密钥相同。

2.4 密码学应用

2.4.1 密码体制分类

-单钥体制具有较低的保密性,但易于实现。

-双钥体制(公钥体制)提供了更高的安全性,每个用户拥有一对密钥,一个是公开的,另一个是私有的。

2.4.2 密码攻击概述

-密码系统的攻击类型包括密文攻击、已知明文攻击、选择明文攻击和选择密文攻击。

-密文攻击是最困难的,因为攻击者知道的信息量最少。

-已知明文攻击中,攻击者可能获得明文及其对应密文的信息,从而尝试确定密钥结构。

3. 信息安全模型与通信

3.1 信息安全面临的威胁

3.1.1 威胁的发展历程

-20世纪70年代,信息安全主要关注面向单机的安全问题。

-20世纪80年代,随着局域网的兴起,信息安全问题转向网络间的传输和共享。

-20世纪90年代,互联网的快速发展带来了全新的安全挑战。

3.1.2 入侵者和病毒

-黑客和犯罪分子通过非法侵入系统对信息安全构成威胁。

-恶意软件,如病毒和蠕虫,无须主程序即可对系统造成损害。

3.1.3 信息安全模型

-通信模型通过定义网络路由和执行通信协议来建立逻辑信息通道。

3.1.4 密码学基本概念

-密码系统包括明文、密文、加密算法、解密算法和密钥等基本要素。

3.2 密码体制
3.2.1 密码系统的基本要素
-明文和密文的转换依赖于加密和解密算法。
-密钥是加密和解密过程中不可或缺的部分。
3.2.2 密码体制分类
-单钥体制中加密密钥和解密密钥相同。
-双钥体制（公钥体制）中，每个用户都有一对密钥，一个是公开的，另一个是私有的。
3.2.3 密码攻击概述
-密文攻击：攻击者仅知道密文，信息量最少。
-已知明文攻击：攻击者可能获得一个或多个明文及其对应的密文。
-选择明文攻击：攻击者可能对消息含义知之甚少，但能选择特定的明文进行攻击。
-选择密文攻击：攻击者利用解密算法对自己选择的密文进行解密，以推断密钥结构。
3.3 通信安全
3.3.1 通信协议的安全
-在通信过程中，协议的安全性是保障信息安全的关键。
-需要确保数据在传输过程中的完整性和机密性。
3.3.2 安全通信通道的建立
-通过定义路由和执行通信协议来建立安全的逻辑信息通道。
-必须考虑网络中的潜在威胁和攻击手段。
3.3.3 通信中的密码技术应用
-密码技术在通信过程中用于保护数据不被非法访问。
-密钥管理和密钥交换是通信安全的重要组成部分。
3.3.4 通信安全的挑战
-面对日益复杂的网络环境和高级的攻击手段，通信安全面临重大挑战。
-需要不断更新和改进安全措施以应对新的威胁。

我们使用的音频文件是由任务 7.1 中的文本内容生成的音频文件，但从生成的内容大纲可以看出，AI 生成的逻辑与实际文本逻辑还是存在差别的。因此，我们可以认为 AIGC 能帮我们大大提升工作效率，但"最后一公里"仍需我们自己来完成。对内容大纲进行重新整理如下。

1.信息安全的发展与挑战
1.1 信息安全面临的威胁
1.1.1 主机时代的安全挑战
-20 世纪 70 年代，信息安全主要关注单机安全，防止未授权访问。
-随着主机时代的到来，信息安全的威胁主要来自对单机的非法侵入。
1.1.2 网络时代的威胁演变
-20 世纪 80 年代，局域网的兴起带来了信息安全的新挑战，如数据在微机间传输和在用户间共享的问题。
-安全服务、安全机制等基本框架成为信息安全的重要内容。

1.1.3 因特网时代的安全问题

-20世纪90年代，因特网的爆炸性发展带来了全新的安全挑战，因其具有高度分布式、边界模糊、层次不清、动态演化等特点。

-用户在因特网中扮演主角，如何保障这一复杂而巨大的系统的安全成为主要问题。

1.2 入侵者和病毒

1.2.1 黑客与犯罪分子

-信息安全的人为危险主要来自用户和恶意软件的非法侵入。

-入侵信息系统的用户可能是黑客或犯罪分子，他们的目的各不相同。

1.2.2 恶意软件的类型

-恶意软件包括病毒、蠕虫等，分为需要主程序的恶意软件和不需要主程序的恶意软件。

-这些恶意软件对信息安全构成严重威胁。

2.信息安全模型

-通信双方通过建立逻辑上的信息通道来传递消息，涉及路由定义和通信协议执行。

-信息安全模型旨在确保信息在传递过程中的机密性、完整性和可用性。

3.密码学基本概念

3.1 密码系统的要素

-密码系统包括明文、密文、加密算法、解密算法和密钥等基本要素。

-这些要素共同工作，确保信息在传输过程中的安全性。

3.2 密码体制分类

-密码体制分为单钥体制和双钥体制两大类。

-单钥体制的加密密钥和解密密钥相同，而双钥体制具有更高的保密性和安全性。

3.3 密码攻击概述

-攻击者对密码系统的攻击类型包括密文攻击、已知明文攻击、选择明文攻击和选择密文攻击。

-密文攻击是最困难的攻击类型，因为攻击者知道的信息量最少。

3.4 密码攻击概述

-密文攻击：攻击者仅知道密文，信息量最少。

-已知明文攻击：攻击者可能获得一个或多个明文及其对应的密文。

-选择明文攻击：攻击者可能对消息含义知之甚少，但能选择特定的明文进行攻击。

-选择密文攻击：攻击者利用解密算法对自己选择的密文进行解密，以推断密钥结构。

4. PPT 生成

将修改后的内容大纲复制到"内容大纲"处，并在输入标题处输入标题："AI语音生成PPT"，然后在右侧选择合适的PPT模板，在弹出的窗口中单击"确定"即可生成PPT，如图7.8所示。

最后将生成的PPT下载导出。本例导出的PPT文件可扫码查看。

边界 AICHAT
生成的 PPT

图 7.8　生成的 PPT

7.2.2　讯飞星火大模型

在这里,给大家再介绍一个生成 PPT 的 AI 大模型——讯飞星火大模型。讯飞星火模型是科大讯飞开发的一款人工智能语言处理模型,旨在通过自然语言交互的方式提供智能服务。该模型能够理解和生成人类语言,支持多种应用场景,如智能问答、语音助手、文本分析等。

讯飞星火模型具有以下特点。

语言理解能力:模型能准确理解用户的自然语言指令和询问,把握语境和意图。

多领域知识覆盖:模型融合了丰富的领域知识,可以回答涵盖科技、历史、文化等多个领域的问题。

智能交互:用户可以通过自然语言与模型进行交流,以获取所需信息或完成特定任务。

由于该模型没有 AI 语音识别功能,因此我们只演示使用文本生成 PPT 的步骤。

1. 访问登录

输入网址 https://xinghuo.xfyun.cn/desk,访问并登录讯飞星火模型首页,单击"讯飞智文"功能,如图 7.9 所示。

2. 文本输入

将上文中的内容大纲输入至"讯飞智文"中,如图 7.10 所示。

3. 调用插件生成 PPT

"讯飞智文"会根据我们输入的内容提纲继续进行 PPT 大纲生成,此时我们可以继续优

图 7.9   "讯飞智文"功能

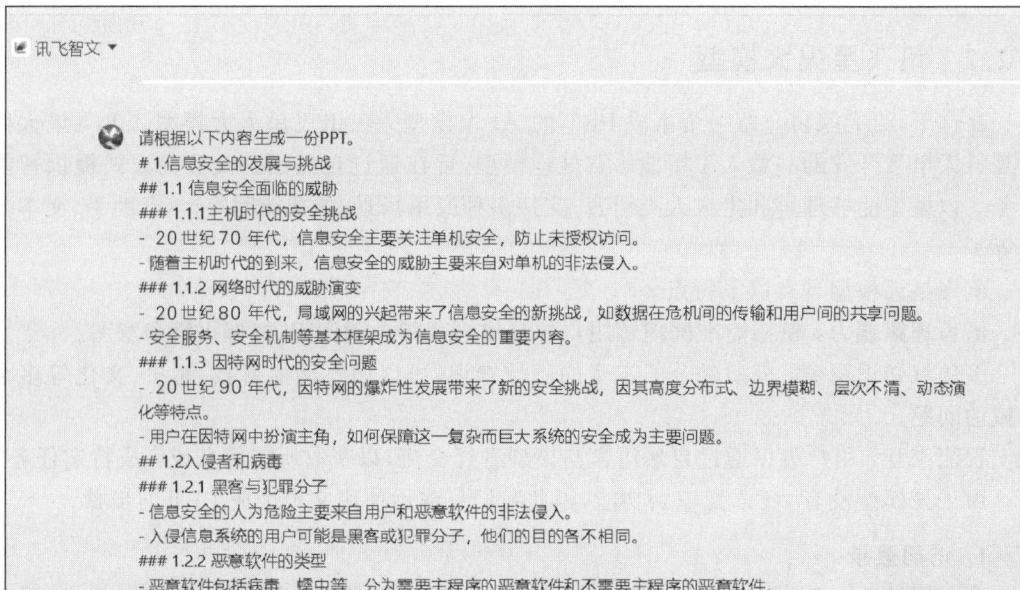

图 7.10   文本输入

化和修改,也可"一键生成 PPT"。本例采取"一键生成 PPT"。

最后将生成的 PPT 下载导出。"讯飞智文"的 PPT 生成支持多种文件格式导出,如.pptx、.doc、.pdf 等。本例导出的 PPT 文件可扫码查看。

讯飞星火大模型生成的 PPT

任务 7.3　AI 语音生成思维导图

任务 7.3
学习助手

任务描述

在学习新知识或解决问题时,思维导图是一种非常有效的思维整理工具。然而,手动绘制思维导图既耗时又容易遗漏关键信息。AI 生成思维导图技术可以根据学生输入的语音内容,自动识别和提取关键概念和关系,生成结构清晰、层次分明的思维导图。学生可以通过查看思维导图来快速回顾和巩固所学内容,提高学习效率和理解深度。

任务解析

思维导图作为一种图形化的思维工具,通过节点与连线的方式,直观展现了思维过程中的关键信息、概念之间的层级关系及相互联系。它不仅能够帮助学生快速整理学习资料、厘清思路,还能促进创造性思维的发展,加深对复杂知识的理解和记忆。在知识学习、项目管理、问题解决等多个领域,思维导图都扮演着不可或缺的角色,是提升学习效率和思维能力的重要辅助工具。

AI 语音识别技术能够即时将学生的口头描述转化为文字,并自动分析提取核心内容,生成思维导图,从而大大节省手动绘制的时间与精力;基于自然语言处理(NLP)的 AI 系统能够更准确地识别并理解语音中的关键词汇、短语及语义关系,减少人为绘制时可能出现的遗漏或误解。

AI 语音生成思维导图融合了包括语音识别、NLP 等在内的多项技术,具体来说,利用语音识别领域的深度学习模型(如 LSTM、Transformer 等)将语音信号转换为文本信息;对转换后的文本进行分词、词性标注、句法分析等处理,提取出关键概念、短语及它们之间的语义关系;基于提取的信息,构建知识图谱,明确各概念之间的层级和连接关系;根据知识图谱的结构,使用图形界面技术(如 SVG、Canvas 等)将思维导图以可视化的形式呈现出来。

在本任务中,我们将使用边界 AICHAT 生成思维导图,该工具已在前面任务中介绍过。除边界 AICHAT 外,还有其他 AI 模型可用于生成思维导图,我们会在"任务实现"中进一步讨论。

首先以边界 AICHAT 为例,其"AI 语音处理"模块中的"生成思维导图"功能可实现"AI 语音生成思维导图",如图 7.11 所示。

生成步骤如下。

1. 上传语音文件

首先将准备好的 MP3、AAC、OPUS、WAV 等格式编码的音频文件上传到边界 AICHAT 平台。

2. 语音识别与文本转换

上传后,平台启动语音识别引擎,将语音文件转换为文本。

3. 内容分析

转换完成后,平台利用 NLP 和内容生成技术,对文本进行深入分析,并自动生成内容大

图 7.11　边界 AICHAT 生成思维导图

纲。用户可在界面上对内容大纲进行优化、微调。需要注意的是,思维导图是否内容合理、逻辑清晰,大部分取决于模型对于音频文件的内容分析。

4. 思维导图生成

基于内容大纲,平台会自动生成思维导图,用户可实时看到思维导图的生成过程。最后将生成的思维导图下载导出。

任务实现

7.3.1　边界 AICHAT

1. 上传语音文件

首先将准备好的语音文件上传到边界 AICHAT 平台。本例依然延续任务 7.1 的内容,采用"AI 语音合成"的音频文件"AI 语音合成.wav"上传至平台。如图 7.12 所示,音频文件上传至平台后正在对其内容进行文本分析并生成思维导图文案。

2. 文本优化并生成思维导图

同任务 7.2 一样,从生成的内容大纲可以看出,AI 生成的逻辑与实际文本逻辑存在差别。因此,我们对内容大纲进行重新优化,使其与任务 7.2 一致。单击"生成思维导图",将生成的思维导图下载导出。本例导出的思维导图以 PDF 格式导出,实操时也可根据自己需求选择其他格式,本例文件现可扫码查看。

AI 语言生成
思维导图

图 7.12　音频文件上传至平台

需要说明的是，使用边界 AICHAT 平台，即使是优化后的内容大纲，AI 也会根据大纲对内容进行扩充。

项 目 总 结

随着生成式人工智能技术的飞速发展，其在音频处理领域的应用日益广泛且深入，为教育、会议、内容创作等多个行业带来了革命性的变革。本项目聚焦于生成式人工智能在音频处理中的应用，通过 AI 语音合成、AI 语音生成 PPT 及 AI 语音生成思维导图三大任务，深入探讨了这一前沿技术是如何优化教学与学习体验，提升信息整理与呈现效率的。

基于深度学习的生成式人工智能大模型，在音频处理上展现了强大的能力。它不仅能够模拟人类语音的自然流畅，还能理解并转化语音中的信息，自动生成多样化的内容形式。在教育领域，这一技术的应用极大地丰富了教学手段，使知识传递更加高效、个性化，同时也减轻了用户的负担，提升了学习效率。

1. AI 语音合成

（1）文本预处理。首先，将课程笔记、教案或 PPT 中的文字内容进行清洗、分词、标注等预处理，确保输入数据的准确性和规范性。

（2）语音风格选择。根据需求，选择合适的语音风格（如温和、激情等），这通常依赖于预训练的语音模型库。

（3）语音合成。选择合适的深度学习模型，将预处理后的文本转换为自然流畅的语音。此过程涉及文本编码、声学特征预测及波形生成等多个环节。

（4）后处理与优化。对生成的语音进行音质优化、语速调整等后处理，确保最终输出的语音既符合教学要求，又具有良好的听觉体验。

AI 语音合成技术使得远程教学更加生动、互动性强，学生仿佛置身于真实的课堂环境中，有效提升了学习积极性和效果。

2. AI 语音生成 PPT

（1）语音识别。将语音文件输入语音识别系统中，转换为文本内容。

（2）内容解析与分类。利用自然语言处理技术对文本进行解析，识别出主题、要点、数据等信息，并进行分类。

（3）模板匹配与元素生成。根据内容分类和个人需求，自动匹配适合的 PPT 模板，并生成包含文字、图片、图表等元素的幻灯片。

AI 语音生成 PPT 技术极大地简化了演讲准备流程，让学生有更多时间专注于内容的准备和演练，提高了演讲的质量和效率。

3. AI 语音生成思维导图

（1）语音转文本。首先通过语音识别技术将语音转换为文本。

（2）关键词提取与关系构建。利用自然语言处理算法提取文本中的关键词，并基于上下文分析构建关键词之间的关系网络。

（3）思维导图生成。根据关键词及其关系，自动生成结构清晰、层次分明的思维导图。

AI 语音生成思维导图技术可帮助学生快速整理思维，捕捉关键信息，形成系统的知识体系，对于提高学习效率和理解深度具有显著作用。

课 后 习 题

1. 为以下内容选择合适的语境，确定语速、语调并生成音频。

学习编程是一个系统性的过程，它要求学习者从基础知识开始，逐步深入，并结合实践来巩固和提升技能。以下是一个较为全面的学好编程的流程。

1. 明确学习目标

（1）确定领域。明确你想在哪个领域或方向深入学习编程（如 Web 开发、移动应用、数据分析、游戏开发等）。

（2）设定目标。根据你的兴趣和职业规划，设定短期和长期的学习目标。

2. 学习基础知识

（1）编程语言。选择一门入门级的编程语言（如 Python、JavaScript）作为起点，学习其基本语法、数据类型、控制结构等。

（2）计算机科学基础。了解计算机的工作原理、数据结构与算法、操作系统、计算机网络等基础知识。

3. 实践编程项目

（1）小项目练习。通过编写简单的程序或小项目来应用所学知识，如制作计算器、小游戏、博客网站等。

（2）代码库与社区。参与开源项目，浏览 GitHub 等代码托管平台上的项目，学习他人的代码风格和实践。

4. 深入学习专业知识

（1）框架与库。根据你选择的领域，学习并掌握常用的开发框架和库（如 React、Django、Vue.js 等）。

（2）设计模式。了解软件设计模式，提升代码可读性、可维护性和可扩展性。

5. 阅读与写作

（1）阅读资料。定期阅读技术博客、官方文档、专业书籍，了解最新技术动态和最佳实践。

（2）写作与分享。通过撰写技术博客、回答论坛问题、参与技术讨论等方式，巩固所学知识并分享给他人。

6. 解决问题与调试

（1）刻意练习。通过解决编程题目等方式，提升问题解决能力和编程技巧。

（2）调试技能。学习并掌握高效的调试技巧，能快速定位并修复代码中的错误。

7. 反思与总结

（1）定期回顾。定期回顾所学知识，整理笔记，形成知识体系。

（2）反思总结。对自己的学习过程进行反思，总结经验教训，改进学习方法。

8. 拓宽视野与跨界学习

（1）关注趋势。关注编程语言和技术的发展趋势，了解新兴技术和工具。

（2）跨界融合。尝试将编程与其他领域（如艺术、法律、医学等）相结合，创造新的应用场景和价值。

9. 持续学习与提升

（1）保持好奇心。保持对新技术和知识的好奇心，持续学习，不断提升能力。

（2）职业规划。根据兴趣和职业发展目标，合理规划自己的学习和工作路径。

遵循这个流程，并结合个人实际情况进行调整和优化，相信你一定能够学好编程，并在编程领域取得卓越的成就。

2. 根据第 1 题生成的音频，设计一份简单的 PPT。

3. 根据第 1 题生成的音频，生成一张思维导图。

项目八

生成式人工智能在视频处理中的应用

视频作为多媒体信息的重要形式,其处理技术的发展直接关系到数字内容创作、传播和消费的方方面面。生成式人工智能技术的兴起,为视频处理领域注入了新的活力,推动了视频内容的智能化生成、编辑和个性化定制。本项目将全面介绍生成式人工智能在视频处理中的背景、核心模型以及广泛应用场景。

随着视频内容的爆炸式增长和用户对高质量视频体验的需求不断提升,传统视频处理方法已难以满足需求。生成式人工智能技术的出现,为视频处理提供了全新的解决方案。通过深度学习等先进技术方法,AI能够自动分析视频内容、理解用户意图,并生成符合要求的视频作品或完成复杂的视频编辑任务。

在视频处理领域,生成式人工智能模型主要有视频生成模型、视频编辑模型、视频理解与分析模型等。这些模型基于大规模视频数据训练而成,能够模拟视频内容的生成过程,实现从无到有的视频创作;同时,它们还能对视频进行智能编辑,如自动剪辑、添加特效、调整色彩等;此外,通过视频理解与分析模型,AI还能对视频内容进行深度挖掘,提取关键信息并生成视频摘要或进行情感分析等。

生成式人工智能在视频处理中的应用场景广泛而多样。在视频创作方面,它可以用于生成智能宣传片、广告片等;在视频编辑方面,它可以实现自动化剪辑、个性化定制等功能;在视频理解与分析方面,它可以帮助人们快速获取视频中的关键信息、理解视频内容并进行情感分析等。此外,生成式人工智能还在数字人应用、视频直播、虚拟现实等领域发挥着重要作用,为视频处理领域带来了前所未有的创新和发展机遇。

学习目标

(1) 掌握 AI 生成智能宣传片的技术。

(2) 熟悉 AI 数字人应用。

(3) 掌握 AI 视频剪辑的基本技能。

任务 8.1　AI 生成智能宣传片

任务 8.1
学习助手

任务描述

在品牌宣传、产品推广或活动营销中，AI 视频生成技术能根据输入的品牌理念、产品特性或活动主题，自动生成富有创意和吸引力的视频内容。这种技术不仅能缩短视频制作周期，还通过个性化定制和数据分析，提升了视频的传播效果和转化率。

任务解析

剪映是一款由字节跳动推出的视频编辑软件，以其强大的功能、简洁的界面和丰富的素材库赢得了广大用户的喜爱。它支持视频剪辑、特效添加、字幕编辑、音频处理等多种功能，让用户能够轻松制作出高质量的视频作品。无论是短视频、Vlog 还是宣传片，剪映都能满足用户的创作需求。剪映的图文成片功能是其在视频内容创作领域的一项创新，如图 8.1 所示。

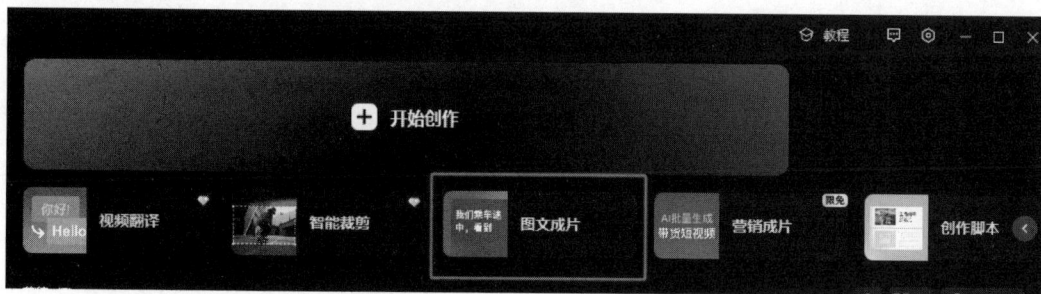

图 8.1　剪映图文成片功能

图文成片功能允许用户通过输入文字内容，结合剪映内置的模板、素材和智能算法，自动生成一段与文字内容相匹配的视频。用户只需输入相关文字，选择适合的模板和风格，剪映就能自动分析文字内容，匹配相应的图片、视频片段、背景音乐和动画效果，最终生成一段完整且富有感染力的视频作品。这一功能极大地降低了视频制作的门槛，让即便是没有专业视频编辑经验的用户也能轻松创作出高质量的视频。

本任务以聊城职业技术学院校园智能宣传片设计为例，旨在通过 AI 剪映的图文成片功能，将校园风貌、教学特色、师资力量、校园文化及就业前景等方面进行全面展示，展现学院独特的魅力和风采。

生成步骤如下。

1. 准备文字内容

根据宣传片的主题和目标受众，编写一段富有吸引力和感染力的文字内容。这段文字应涵盖聊城职业技术学院的校园环境、教学设施、师资力量、校园文化及就业前景等方面。使用 AI 生成的文字内容如下。

【开场】

在鲁西大地，有一座知识的殿堂，她以培育未来之星为己任，她就是——聊城职业技术学院。今天，让我们跟随 AI 的镜头，一同走进这座充满活力与梦想的学府。

【校园环境】

晨光初照，聊城职业技术学院的校园沐浴在金色的阳光下，显得格外宁静而美丽。绿树成荫的小道，错落有致的建筑，每一处都散发着学术的芬芳。漫步其间，仿佛步入了一幅精美的画卷，让人心旷神怡。

【教学设施】

走进教学楼，现代化的教学设施映入眼帘。智慧教室配备了先进的教学设备，让学习变得更加生动有趣。实验室里，同学们在导师的指导下，进行着各种科研探索，实践与创新在这里碰撞出璀璨的火花。

【师资力量】

聊城职业技术学院拥有一支高素质的教师队伍，他们博学多才，教学经验丰富。在这里，每一位老师都是学生成长路上的引路人，用知识的光芒照亮学生前行的道路。

【校园文化】

丰富多彩的校园文化活动是聊城职业技术学院的一大亮点。从文艺晚会到体育竞赛，从社团招新到志愿服务，每一项活动都充满了青春的活力与激情。在这里，学生们不仅可以学到专业知识，更能在实践中锻炼自己，实现全面发展。

【就业前景】

聊城职业技术学院注重对学生实践能力的培养，与众多知名企业建立了紧密的合作关系。毕业生凭借扎实的专业技能和良好的综合素质，深受用人单位的青睐。在这里，每一位学子都能找到属于自己的舞台，开启辉煌的职业生涯。

【结语】

聊城职业技术学院，一个梦想启航的地方。在这里，你将收获知识，结识朋友，实现自我超越。让我们携手并进，共创美好未来！

需要注意的是，在图文成片功能中，我们提供的文字内容会作为视频中的音频内容被播放，所以在实际操作中，建议将"【】"中的内容删除。

2. 了解剪映图文成片功能

打开剪映软件，熟悉图文成片功能的使用方法和操作流程。了解如何输入文字、选择模板、调整风格以及预览生成的视频。

3. 输入文字内容

在剪映图文成片功能中，将准备好的文字内容输入指定的输入框中。确保文字内容准确无误，且符合宣传片的整体风格和要求。

4. 预览与调整

生成初步的视频后，进行预览以检查视频效果是否符合预期。如有需要，可以对视频进行进一步的调整和优化，如调整图片顺序、修改文字样式、更换背景音乐等。

5．导出与分享

完成视频制作后，将其导出为合适的格式和分辨率。

任务实现

1．剪映注册与登录

输入网址 https://www.capcut.cn/，进入剪映平台。剪映有专业版、移动版、网页版三个版本，本任务接下来的操作均使用剪映专业版完成。

在计算机上打开剪映软件，并确保已经更新到最新版本，注册登录。

2．选择图文成片功能

在剪映的主界面中找到并单击"图文成片"功能入口，进入图文成片编辑界面，如图 8.2 所示。

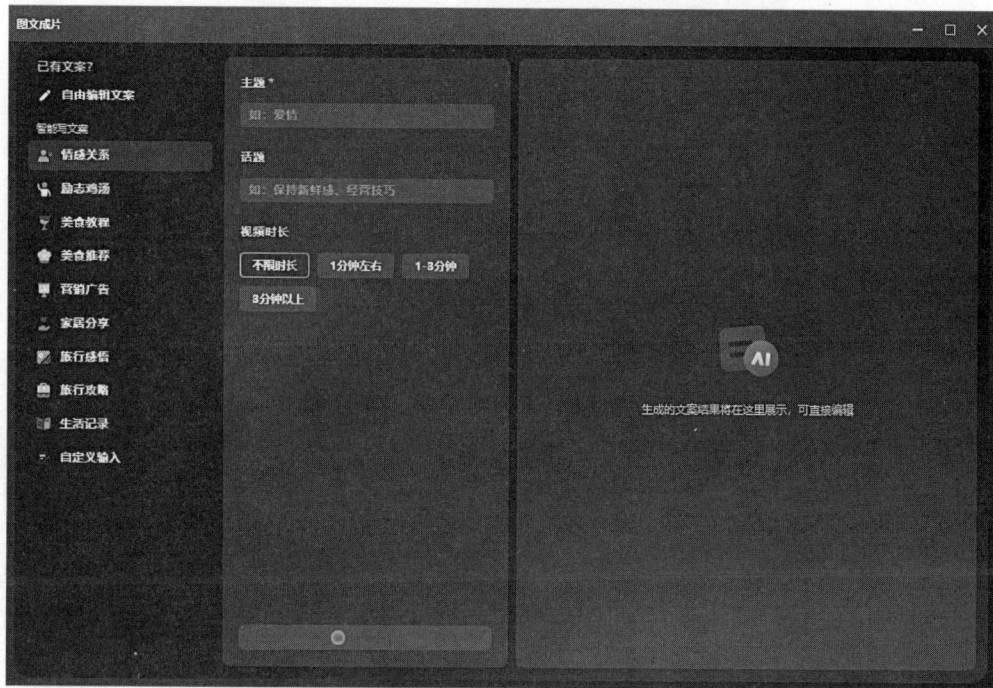

图 8.2　图文成片编辑界面

3．输入文字内容

在图文成片功能中，我们在界面左上角"自由编辑文案"中输入我们要生成的视频描述，然后选择视频时长。大家如果不想使用本书中提供的文案，可以使用"智能写文案"功能，确定视频主题和话题，进而生成视频。

在"自由编辑文案"界面中，粘贴或输入之前准备好的聊城职业技术学院校园智能宣传片的文字内容。确保文字排版整齐、逻辑清晰。

文字内容可扫码查看。

将文本内容输入后，单击界面右下角的"生成视频"复选框，选择"智能匹配

图文成片
文本内容

素材",如图 8.3 所示。

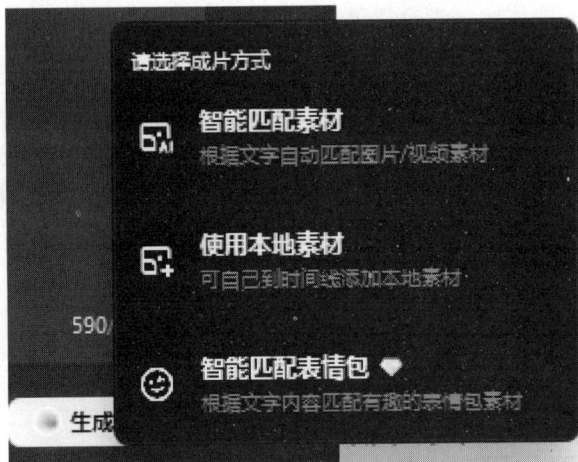

图 8.3　"生成视频"界面

　　单击"生成视频"按钮后,剪映将自动根据文字内容和所选模板生成初步的视频。视频生成后,剪映界面如图 8.4 所示。此时可以进行预览以检查视频效果是否满足要求。需要说明的是,AI 视频生成也有许多不合理的地方,对视频进行修改时,大家可以进一步学习使用剪映剪辑视频的方法,在预览界面进行调整。同时,在视频编辑过程中,可以根据需要为视频添加背景音乐以增强氛围和感染力。剪映提供了丰富的音乐库供用户选择,也可上传自己的音乐文件。

图 8.4　视频生成后的剪映界面

　　完成所有编辑工作后,单击"导出"按钮将视频导出为合适的格式和分辨率。导出的视频可扫码查看。

任务 8.2　AI 生成短视频

任务 8.2
学习助手

📖 任务描述

利用 AI 进行短视频创作。

📖 任务解析

"AI 生成智能宣传片"属于"文生图"范畴。在本任务中,将介绍两款"文生图"AI 大模型:即梦 AI 和 KLing AI。

1. 即梦 AI

即梦 AI 是剪映旗下产品,支持通过自然语言及图片输入,生成高质量的图像及视频。作为一个生成式人工智能创作平台,即梦 AI 为用户提供了智能画布、故事创作模式、首尾帧、对口型、运镜控制、速度控制等 AI 编辑功能,并有海量影像灵感及兴趣社区,一站式提供用户创意灵感、流畅工作流、社区交互等资源,为用户的创作提高效能。即梦 AI 首页界面如图 8.5 所示。

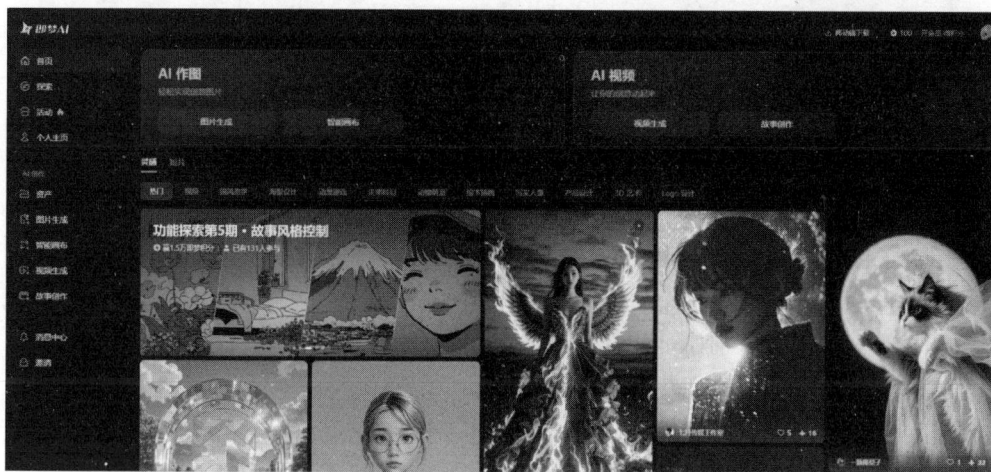

图 8.5　即梦 AI 首页界面

即梦 AI 的视频生成支持 3 种生成模式:输入单图或两张图片作为首帧和尾帧,直接生成视频;配合提示词描述生成视频;纯文本输入希望生成的视频描述生成视频。

即梦 AI 支持视频 AI 编辑。AI 对口型功能可以为生成视频中的人物配音并匹配口型,使视频中的角色看起来更加真实、自然;提供多种音色选择,用户也可以上传自己的配音;最多支持生成 9 秒时长的对口型视频。镜头控制能力包括镜头放大、镜头推远、镜头旋转、镜头水平移动、镜头上下移动等多种运镜选择。速度控制能力可提供正常、快速、慢速 3 种运动速度控制。

即梦 AI 支持故事创作模式,可一站式完成故事、剧情类视频内容的创作。故事分镜生成支持图生视频、文生视频、文生图、图生图等多种方式创作分镜画面,效果更加可控。镜头高效管理支持在时间轨道管理分镜画面,并可编辑预览故事成片效果。

2. KLing AI

KLing AI 是一款由快手科技开发的以 AI 技术为核心的创意生产平台,其国际版也被称为 KLING AI。该平台专注于提供高质量的 AI 图像和视频生成服务,旨在通过先进的算法和技术帮助用户快速实现创意想法,提升生产效率。KLing AI 的技术支持主要来源于 KOLORS 和 KLING 两大技术体系。KOLORS 技术专注于 AI 图像生成,能够生成富有创意的 AI 图像;而 KLING 技术则专注于 AI 视频生成,支持用户创建动态的视频内容。

Kling AI 的官网为 https://klingai.com/,首页界面如图 8.6 所示。

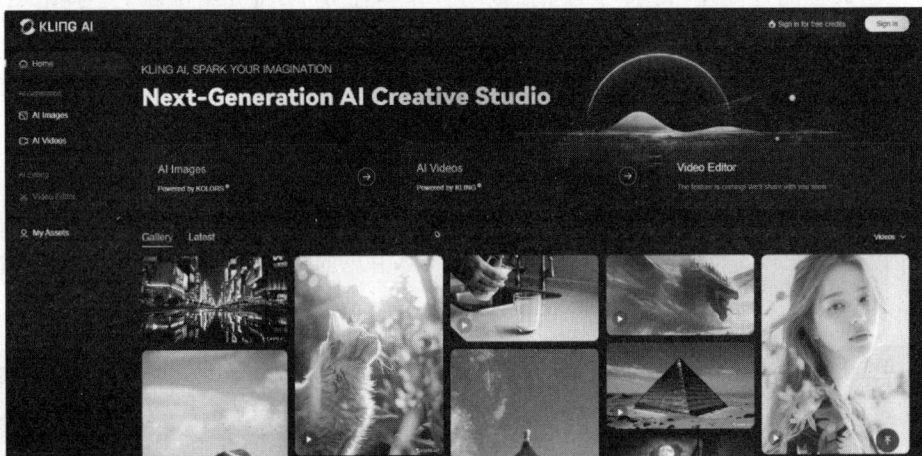

图 8.6 KLing AI 首页界面

注册登录后,单击 AI Videos 进入视频生成界面,如图 8.7 所示。在 AI Videos 中,根据自己的需要输入提示词,并对要生成的视频进行设置。

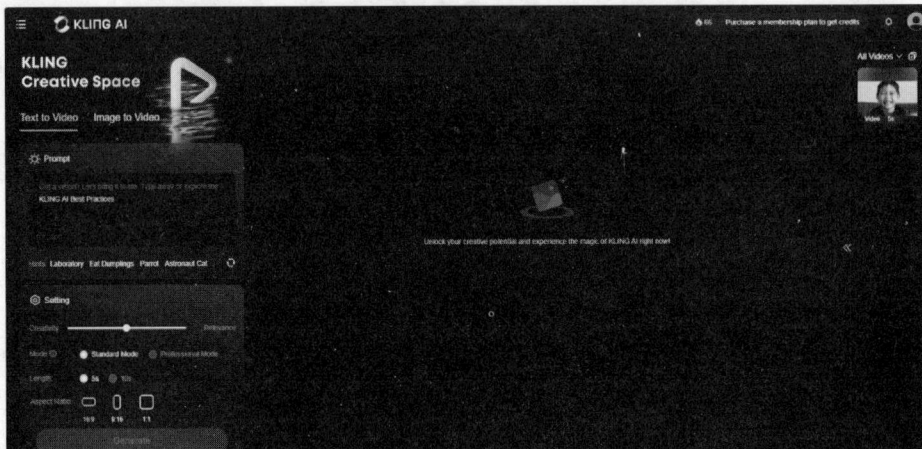

图 8.7 AI Videos 界面

以即梦 AI 为例,短视频生成步骤如下。

(1) 确定 AI 生成视频类型。登录即梦 AI 后,根据需要选择 AI 视频生成的方式。

(2) 准备视频生成素材。即梦 AI 视频生成功能中包含图片生视频、文本生视频等功能。选择视频生成方式后,准备视频生成素材,如图片、提示词等。

（3）选择视频生成参数。素材上传平台后,根据平台中的页面提示,选择视频生成参数,如视频生成模型选择、视频生成时长、视频比例等。

（4）生成视频。基于素材内容和参数设置,平台会自动生成短视频,用户可实时看到视频的生成过程。最后将生成的视频下载导出。

任务实现

1. 注册并登录即梦 AI

输入网页 https://jimeng.jianying.com/ai-tool/login,访问并登录即梦 AI PC 端,单击"登录"按钮,如图 8.8 所示。

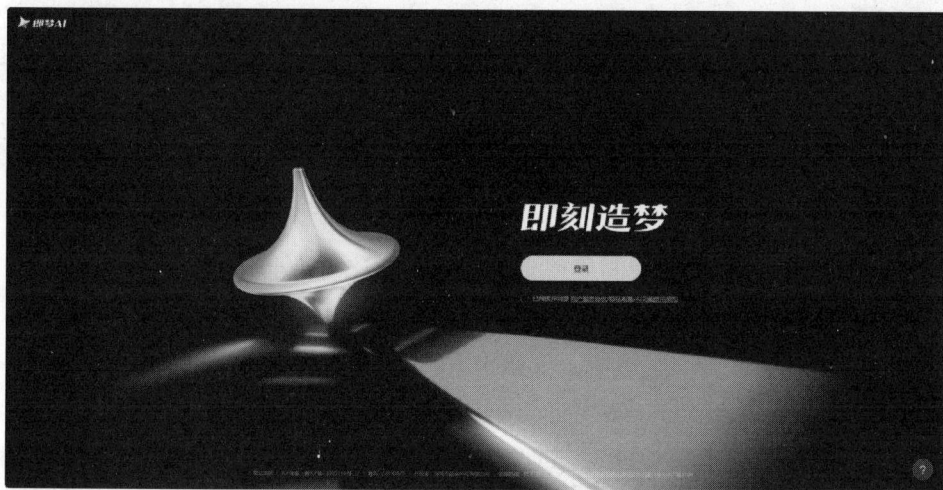

图 8.8　即梦 AI 登录界面

登录后的即梦 AI 首页如图 8.9 所示。首次登录后,在右上角界面可看到系统赠送的积分提示,后面在进行生成视频练习时可以使用。

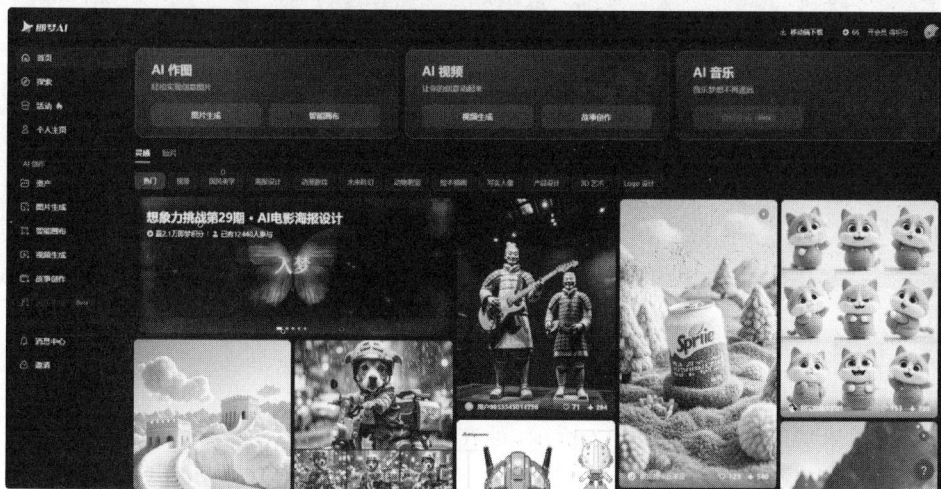

图 8.9　即梦 AI 首页

2．准备视频生成素材

以"文本生视频"为例，单击页面左侧"视频生成"，"视频生成"界面如图 8.10 所示。

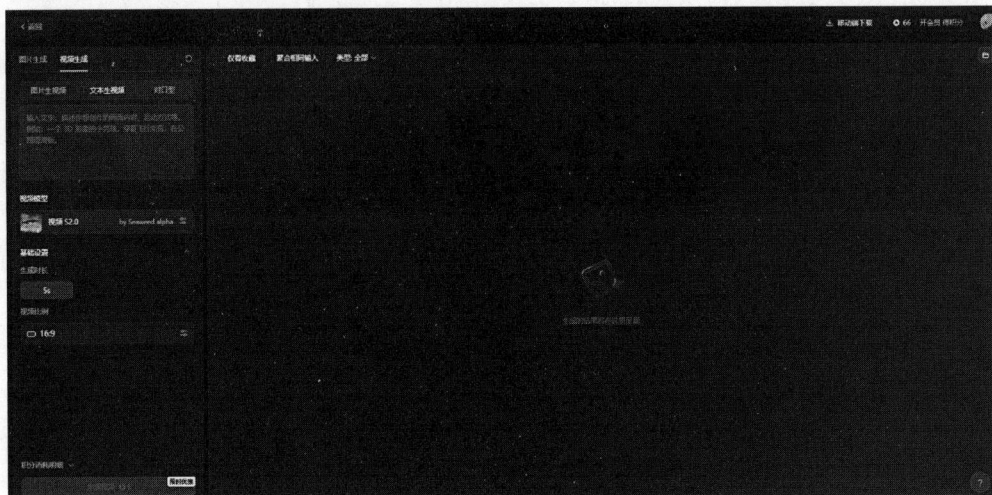

图 8.10　"视频生成"界面

视频生成提示词为"一个 3D 形象的小男孩，穿着飞行夹克，在公园滑滑板。"

3．选择视频生成参数

视频生成参考选择为视频：S2.0；视频生成时长：5s；视频比例：16∶9。

视频生成参数设置后，单击左下方"生成视频"按钮。视频生成过程如图 8.11 所示。

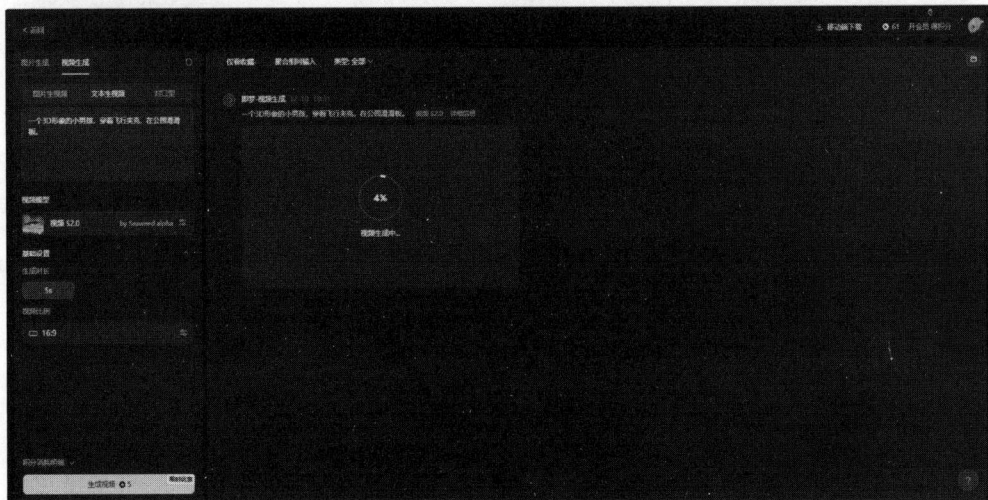

图 8.11　视频生成过程

4．生成视频

视频生成成功的界面如图 8.12 所示，可在视频界面单击"下载"按钮，下载生成的视频。

本例生成并导出的视频可扫码查看。

AI 生成短视频

图 8.12　视频生成成功界面

需要注意的是,上述生成的视频没有音频。生成视频后,可使用即梦 AI 的"AI 配乐"功能进行配乐,如图 8.13 所示。

图 8.13　"AI 配乐"

单击"AI 配乐"按钮,可以在左侧弹出的界面自定义 AI 配乐。例如,场景:科技;流派:轻音乐;情感:快乐;乐器:尤克里里。

带有音频素材的 AI 生成短视频如图 8.14 所示。

即梦 AI 共生成了 3 个配乐,生成并导出的带有音频的视频可扫码查看,大家也可根据自己的需要重新生成配乐。

即梦 AI-AI
生成短视频
(带配乐)

图 8.14　带有音频素材的 AI 生成短视频

任务 8.3　AI 数字人应用

📚 **任务描述**

聊城职业技术学院作为一所具有深厚历史底蕴和鲜明办学特色的高等学府,为进一步提升学校品牌形象,增强社会认知度,计划引入 AI 宣传大使,利用生成式人工智能技术打造一位集智慧、亲和力与创意于一身的数字形象代言人。

任务 8.3
学习助手

📖 **任务解析**

本任务是 AI 生成数字人技术的应用。AI 生成数字人技术的原理是一个复杂而综合的过程,它融合了深度学习、计算机图形学、语音合成与识别、自然语言处理以及人机交互等多个领域的先进技术。

1. 深度学习技术

(1)核心模型。AI 生成数字人主要依赖于深度神经网络,特别是卷积神经网络(CNN)和生成对抗网络(GAN)等。这些模型通过对大量数据的训练,能够学习人脸、身体、动作、表情等高级特征表示。

(2)人脸生成。利用 GAN 等生成模型,可以生成具有高度真实感的人脸图像。GAN 由生成器和判别器两部分组成,生成器负责生成尽可能接近真实人脸的图像,而判别器则负责区分生成的人脸和真实人脸。通过不断地对抗训练,生成器能够逐渐提高生成图像的质量。

(3)动作与表情合成。除了人脸生成外,还需要利用深度学习模型来合成数字人的动作和表情。这通常涉及对人体姿态、骨骼动画以及面部表情的建模和预测。通过训练特定的神经网络模型,可以根据输入的文本或语音指令,生成相应的动作和表情序列。

2. 计算机图形学技术

(1) 3D建模与渲染。数字人通常以3D模型的形式呈现,因此需要利用计算机图形学中的3D建模和渲染技术。3D建模技术用于构建数字人的基础形状和外观特征,而渲染技术则用于模拟光照、阴影、材质等效果,使数字人更加逼真。

(2) 实时渲染。在生成数字人视频时,需要实现实时渲染以保证视频的流畅性。这要求计算机图形学算法能够在极短的时间内完成复杂的计算任务,如光照计算、阴影生成、纹理映射等。

3. 语音合成与识别技术

(1) 语音合成。数字人需要能够发出清晰、自然的声音。语音合成技术可以将文本转换为语音,使数字人能够"说话"。这通常涉及文本分析、语音编码、声码器合成等多个步骤。

(2) 语音识别。为了实现人机交互,数字人还需要能够理解人类的语音输入。语音识别技术可以将人类的语音转换为可处理的文本数据,供数字人进行后续的处理和响应。

4. 自然语言处理技术

(1) 自然语言理解。数字人需要能够理解人类的语言,包括语义、上下文、情感等信息。自然语言处理技术可以帮助数字人解析人类输入的文本或语音指令,理解其意图和含义。

(2) 对话生成。在理解人类输入的基础上,数字人还需要能够生成自然流畅的对话回复。这通常涉及对话管理、文本生成等多个方面的技术。

5. 人机交互技术

(1) 多模态交互。数字人通常需要支持多种交互方式,如语音、文本、手势等。人机交互技术可以帮助数字人理解并响应这些多模态的输入信号。

(2) 情感计算。为了提供更加人性化的交互体验,数字人还需要具备情感计算的能力。这包括识别用户的情感状态、调整自身的情感表达以及生成符合情感语境的对话回复等。

AI生成数字人技术是一个高度综合的技术体系,它融合了多个领域的先进技术,通过不断地训练和优化,能够生成具有高度真实感和交互性的数字人形象。这些数字人不仅可以在视觉上接近真实人类,还可以在语音、语言、动作等多个方面实现与人类的交互和沟通。

本任务将以"聊职AI宣传大使"为应用背景,为大家介绍几个AI生成数字人的方法。实现"AI数字人应用(聊职AI宣传大使)"的步骤分析如下。

(1) 需求明确。明确宣传大使的角色定位、形象要求、宣传内容等。

(2) 数字人创建。选择合适的AI数字人平台,在平台中选择或创建符合需求的数字人形象,包括脸型、发型、服装等。

(3) 宣传材料与动作设计。编写宣传文案、设计宣传材料和数字人在视频中的动作、表情和语音。

(4) 视频生成。利用平台的"数字人视频"功能,将文本、动作、表情和语音等元素结合,生成宣传视频。

（5）预览调整并导出。预览生成的视频内容，根据需要进行调整和优化，确保视频质量符合预期。导出最终的视频文件，并在适当的平台上发布，用于宣传聊城职业技术学院。

任务实现

本任务仅介绍利用 AI 生成数字人的功能，最终呈现效果可能缺乏艺术性，大家掌握制作步骤后，可根据个人兴趣自行设计视频最终效果。下面以百度智能云曦灵平台为例进行介绍。

百度智能云曦灵是百度公司打造的数字人生产及业务配置平台，它集成了先进的 AI 技术和计算机图形学，为用户提供从数字人创建到内容生产、再到业务场景应用的全方位解决方案。曦灵平台以其高效、灵活、定制化的特点，在多个行业领域展现了强大的应用潜力和商业价值。百度智能云曦灵平台首页如图 8.15 所示。

图 8.15　百度智能云曦灵平台首页

"数字人视频"功能是曦灵平台的核心模块之一，它利用深度学习算法和实时渲染技术，能够生成高度逼真的数字人视频内容。用户可以通过简单的操作，如输入文本描述、选择数字人形象、设置动作和表情等，生成符合需求的视频素材。该功能广泛应用于广告宣传、教育培训、娱乐直播等多个场景，为企业和个人提供了全新的内容创作和营销手段。

1. 数字人创建

输入网址 https://xl.baidu.com/dh-main/，注册并登录百度智能云曦灵后，进入数字人视频创建工作台，如图 8.16 所示。

2. 宣传材料与动作设计

根据聊职的特色和宣传重点，选择符合 AI 宣传大使风格的形象。单击"视频工作台"→"教育培训"选择合适的主讲人风格模板，如图 8.17 所示。

在宣传材料方面，需要准备数字人表达的内容，这也可借助 AI 大模型来生成。以文心一言对话为例，对话及生成的表达内容如下。

图 8.16　数字人视频创建工作台

图 8.17　数字人模板选择

提示词：

你是一名宣传大使，现在要写一段文字内容，500 字左右，用于宣传聊城职业技术学院。文字内容应涵盖聊城职业技术学院的校园环境、教学设施、师资力量、校园文化及就业前景等方面，要求切合实际、逻辑清晰、层次分明。

文心一言生成内容：

聊城职业技术学院，位于美丽的山东聊城，是一所集教学、实训、就业于一体的综合性高职院校。

学院校园环境优雅，教学设施先进。南北两大校区错落有致，拥有明志楼、鹰扬楼等教学楼，配备多媒体教室、智慧教室和高水平专业化实验（实训）室。这里，清晰可见的数字大屏、虚拟现实设备、数字化实训、全息投影，为你带来沉浸式、交互式的课堂新体验。

学院师资力量雄厚，汇聚了一批教学经验丰富、专业技能突出的优秀教师。其中，副高以上职称教师占比高，博士、硕士学位教师众多，双师素质比例高达 90% 以上。

在校园文化方面，聊城职业技术学院注重红色文化和传统文化的育人功能，以孔繁森精神与红色文化研究院、黄河文化研究中心为依托，创新育人模式，培育出一批批具有高尚品德和专业技能的优秀人才。

就业前景广阔，是聊城职业技术学院的另一大亮点。学院与众多企业和医疗机构建立合作关系，为毕业生提供丰富的实习和就业机会。护理、机电一体化技术、会计电算化等专业，更是就业前景看好，毕业生在医疗保健、智能制造、财务等领域广受好评。

聊城职业技术学院，是你实现职业梦想的摇篮，是你走向成功人生的起点。欢迎广大学子报考聊城职业技术学院，一起创造美好未来！

3. 视频生成

选择好模板后，单击"做同款"按钮，可以看到数字人设计界面，如图 8.18 所示。

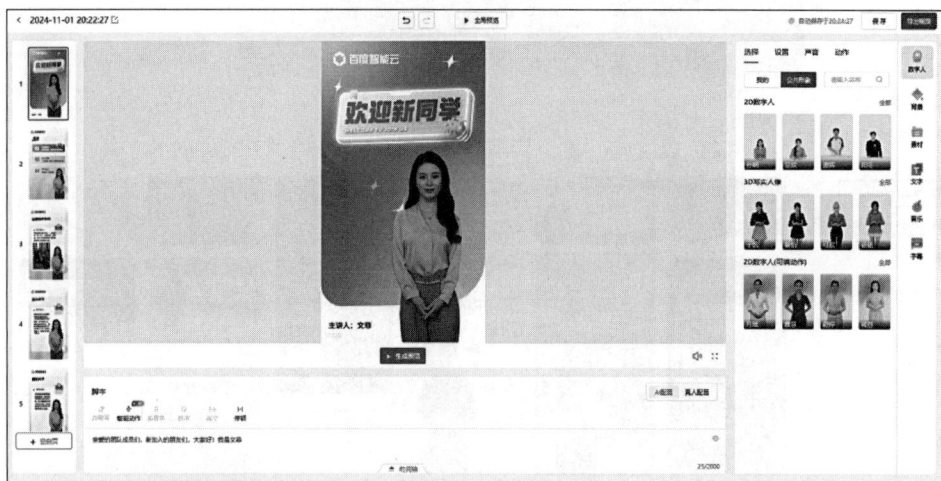

图 8.18　数字人设计界面

在本界面中，可以看到左侧类似 PowerPoint 的缩略图，选中一页，便可以进行设计。根据内容需求，可以对每页展示的内容修改设计；可以在界面中下部输入需要数字人表达的内容；还可以在内容中为数字人添加动作、设计停顿等。如果想修改数字人形象（如更换真人形象或修改为动画形象）及探索更多内容，可在数字人设计界面的右侧进行设计。

4. 预览调整并导出

预览生成的视频内容，可根据需要再次进行调整和优化，确保视频质量符合预期。导出最终的视频文件。

导出的 AI 数字人应用视频可扫码查看。

AI 数字人应用：
聊职 AI 宣传
大使

项 目 总 结

在快速发展的数字时代,生成式人工智能技术在视频处理领域展现出了巨大的潜力和价值。本项目通过三个核心任务——AI生成智能宣传片、AI生成短视频以及AI数字人应用,详细探讨了生成式人工智能是如何优化视频制作流程,提升内容创意与传播效果的。以下是对本项目内容的综合总结。

1. AI生成智能宣传片

AI生成智能宣传片的任务展示了生成式人工智能在品牌宣传中的革新作用。这一过程始于对品牌理念、产品特性或活动主题的深度理解与分析。通过自然语言处理技术,AI能够解析文本信息,把握核心要点,进而生成与主题高度契合的视频脚本。随后,利用深度学习算法,AI模型从庞大的视频素材库中选取最合适的画面、音乐及特效元素,进行智能拼接与融合,创造出既符合品牌调性又极具创意的宣传视频。这一过程的优势在于显著缩短了视频制作周期,同时,基于大数据分析的个性化定制能力,使得视频内容更能精准触达目标受众,有效提升传播效果和转化率。

2. AI生成短视频:文生图技术的创意飞跃

在AI生成短视频的任务中,我们聚焦于"文生图"技术的两大模型——即梦AI与KLing AI。这些模型能够将用户输入的简短文字描述转化为生动形象的画面,为短视频创作提供了全新的视角和可能。用户只需输入一段描述场景、情绪或故事情节的文字,AI即可迅速生成一系列与之匹配的图像帧,再经过自动编排与过渡效果处理,即可生成一段完整的短视频。这一过程不仅极大地降低了短视频制作的门槛,让非专业人士也能轻松创作出高质量的视频内容,还促进了创意的多样化与个性化表达,为短视频行业注入了新的活力。

3. AI数字人应用:教育品牌的新形象大使

AI数字人应用任务以聊城职业技术学院为例,展示了生成式人工智能在提升学校品牌形象和社会认知度方面的应用。通过先进的生成式人工智能技术,学院成功打造了一位集智慧、亲和力与创意于一身的数字形象代言人。这一数字人不仅能够根据预设的脚本进行演讲、互动,还能通过学习不断优化其表达方式,使其更加贴近真实人类的交流习惯。作为学校的虚拟宣传大使,AI数字人能够在各种线上线下活动中代表学校发言,有效增强了学校的品牌识别度和公众亲和力,同时,也为未来教育领域的数字化转型提供了宝贵的实践经验和启示。

综上所述,生成式人工智能在视频处理中的应用,不仅极大地提高了视频制作的效率与质量,还推动了内容创意的无限拓展与传播方式的个性化定制。从智能宣传片的快速生成,到短视频的"文生图"技术,再到AI数字人的创新应用,每一步都见证了AI技术对传统视频制作流程的深刻变革。未来,随着技术的不断进步和应用的持续深化,生成式人工智能将在更多领域展现其独特魅力,为人类社会带来更加丰富多彩、高效便捷的视觉体验。

课 后 习 题

1. 自行设计提示词,利用 AI 生成短视频功能,生成一段具备"小男孩、苹果、衣服、帽子、笑"元素的短视频。

2. 设计一个介绍自己家乡的 AI 数字人视频。

参 考 文 献

［1］王坤峰,苟超,段艳杰,等.生成式对抗网络 GAN 的研究进展与展望［J］.自动化学报,2017,43(3)：321-332.

［2］卢宇,余京蕾,陈鹏鹤,等.生成式人工智能的教育应用与展望——以 ChatGPT 系统为例［J］.中国远程教育,2023,43(4)：24-31,51.

［3］李白杨,白云,詹希旎,等.人工智能生成内容(AIGC)的技术特征与形态演进［J］.图书情报知识,2023,40(1)：66-74.

［4］吴砥,李环,陈旭.人工智能通用大模型教育应用影响探析［J］.开放教育研究,2023,29(2)：19-25,45.

［5］祝智庭,戴岭,胡姣.高意识生成式学习：AIGC 技术赋能的学习范式创新［J］.电化教育研究,2023,44(6)：5-14.

［6］苗逢春.生成式人工智能及其教育应用的基本争议和对策［J］.开放教育研究,2024,30(1)：4-15.

［7］白雪梅,郭日发.生成式人工智能何以赋能学习、能力与评价?［J］.现代教育技术,2024,34(1)：55-63.

［8］程乐.生成式人工智能治理的态势、挑战与展望［J］.人民论坛,2024(2)：76-81.

［9］张凌寒,郭禾,冯晓青,等.人工智能生成内容(AIGC)著作权保护笔谈录［J］.数字法治,2024(1)：1-26.

［10］姜莎,赵明峰,张高毅.生成式人工智能(AIGC)应用进展浅析［J］.移动通信,2023,47(12)：71-78.

［11］王磊,徐子竞,朱戈,等.生成式人工智能赋能网络安全人才培养的探索研究［J］.中国电化教育,2023(9)：101-108,116.